全球油气资源评价丛书

海外成熟探区勘探实践

——以南苏门答腊盆地 Jabung 区块为例

祝厚勤　洪国良　孔祥文　马玉霞
杨福忠　胡广成　白振华　李　铭　著

石油工业出版社

内 容 提 要

本书论述了南苏门答腊弧后裂谷盆地的形成演化和沉积特征。在南苏门答腊盆地层序地层和含油气系统研究的基础上，结合中国石油在印度尼西亚勘探实践及成功经验，以Jabung区块为例，系统总结了成藏组合评价技术、岩性油气藏评价技术和基岩油气藏评价技术。

本书主要适用于从事东南亚油气勘探业务的地质、油藏工程人员及相关院校师生参考阅读。

图书在版编目（CIP）数据

海外成熟探区勘探实践：以南苏门答腊盆地 Jabung
区块为例／祝厚勤等著 . — 北京：石油工业出版社，
2019.10

ISBN 978-7-5183-3592-3

Ⅰ.①海… Ⅱ.①祝… Ⅲ.①基岩-油气勘探-研究
Ⅳ.①P618.130.8

中国版本图书馆 CIP 数据核字（2019）第 193173 号

出版发行：石油工业出版社
　　　　　（北京安定门外安华里2区1号　100011）
　　　　　网　　址：www.petropub.com
　　　　　编辑部：（010）64523544
　　　　　图书营销中心：（010）64523633
经　　销：全国新华书店
印　　刷：北京中石油彩色印刷有限责任公司

2019年10月第1版　2019年10月第1次印刷
787×1092毫米　开本：1/16　印张：12.75
字数：300千字

定价：98.00元
（如出现印装质量问题，我社图书营销中心负责调换）

前 言
Preface

　　印度尼西亚发育众多的含油气盆地，其中陆上具有油气远景的盆地约有 6 个，总面积达 80 多万平方千米。印度尼西亚发育的盆地类型有裂谷盆地、前陆盆地，其中弧后裂谷盆地是最主要盆地类型，也是最有利的含油气盆地，在印度尼西亚含油气盆地中占有非常重要的地位。印度尼西亚弧后裂谷盆地中已发现油气田 984 个，占印度尼西亚油气田总数的 47.5%；油气可采储量为 50.5 亿吨油当量，占印度尼西亚总油气可采储量的 60%。南苏门答腊盆地是一个最典型的弧后裂谷盆地，也是印度尼西亚油气资源最富集的盆地之一。

　　弧后盆地是指发育在火山岛弧之后的盆地。由于此类盆地主要发育在大陆边缘，也常被称为边缘盆地。在板块构造格架下，弧后盆地的形成是大洋板块向大陆板块俯冲的结果。俯冲作用在形成火山岛弧的同时，由于深部岩浆的上升以及上升所导致的对流，使得岛弧后面的上覆地壳处于伸展构造状态。弧后地区的地壳首先经历岩石圈伸展发展成为大陆裂谷盆地，然后演化为大洋地壳。弧后盆地的构造演化可划分为两个阶段，即裂谷阶段和海底扩张阶段。弧后盆地实际上是一种裂谷盆地，其早期裂谷特征在许多弧后盆地都有充分的表现。如果它形成于大陆地壳之上，则与一般的大陆裂谷盆地或断陷盆地有着非常类似的构造演化特征。弧后盆地与大陆内部伸展盆地非常类似，不仅发育良好的烃源岩，而且也发育良好的储集层和盖层。因此，弧后盆地内部的沉积层序和相应的空间分布构成了很好的含油气体系，是油气比较富集的盆地类型之一。

　　2002 年，中国石油通过购买美国 Devon 公司在印度尼西亚的资产，正式进入印度尼西亚油气上游市场。中国石油区块主要分布于南苏门答腊盆地等典型的弧后裂谷盆地。其中，Jabung 区块油气储量、产量均占中国石油区块的 70% 以上，并提前实现收回全部投资，是中国石油在印度尼西亚的核心资产。

Jabung 区块面积约为 1643km², 其勘探经历了快速增储、滚动勘探和精细挖潜三个阶段。目前该区块处于精细挖潜阶段。油气藏类型主要为构造油气藏、构造—岩性油气藏和基岩油气藏, 局部地区发育岩性油气藏。自中国石油进入印度尼西亚以来, 累计新增油气可采储量 3000 余万吨油当量。

本书以中国石油 Jabung 区块为重点解剖对象, 全面分析了弧后盆地构造特征和沉积特征, 以成藏组合评价为基础对南苏门答腊盆地开展了系统和深入研究, 针对弧后裂谷盆地特有的地质和成藏特点, 在不同的勘探阶段, 分析总结出不同的适用勘探技术。

本书在系统调研、分析了国内外大量文献和科研成果的基础上, 深入分析了 Jabung 区块近 20 年来勘探积累的第一手资料和研究成果。同时, 结合多年的技术支持工作经验和体会, 在构造演化、层序地层、沉积特征和含油气系统研究的基础上, 系统总结了成藏组合评价技术、岩性油气藏评价技术和基岩油气藏评价技术, 期望能对东南亚地区油气勘探、对弧后裂谷盆地的勘探以及不同盆地不同阶段的勘探提供一些借鉴与参考。

本书的成果是 20 年来从事中国石油印度尼西亚项目现场勘探团队、国内技术支持团队共同努力的结晶, 同时参考了大量前人研究成果及相关研究单位的成果。本书编写过程中得到了中国石油勘探开发研究院、中国石油勘探开发公司各级领导和海外研究中心专家的大力支持和指导, 在此, 谨向各位领导、专家和同事致以诚挚的感谢!

本书前言由祝厚勤、杨福忠编写, 第一章由杨福忠、洪国良编写, 第二章由洪国良、胡广成、白振华编写, 第三章由祝厚勤、洪国良、孔祥文编写, 第四章由杨福忠、祝厚勤编写, 第五章由祝厚勤、马玉霞、李铭编写, 第六章由祝厚勤、马玉霞、孔祥文编写, 全书由祝厚勤、洪国良统编定稿。

由于笔者水平和经验有限, 书中错误和不足之处在所难免, 恳请读者多提宝贵建议。

目 录
Contents

第一章 南苏门答腊盆地形成及构造演化特征

第一节 弧后盆地的形成过程

弧后盆地（Backarc Basin）指发育在火山岛弧之后的盆地。由于此类盆地主要发育在大陆边缘，所以也常被称为边缘盆地（Marginal Basin）。目前世界上 75% 的弧后盆地位于环太平洋区域，并且大多集中在太平洋的西部边缘。相关研究显示，弧后盆地基底可为大陆岩石圈或大洋岩石圈，并分为两种基本类型，即伸展型弧后盆地和挤压展型弧后盆地（图 1-1）。伸展型弧后盆地由大陆地壳发生裂谷作用或大洋地壳发生海底扩张作用所形成。如果盆地发生在大洋内部，则被称为弧间盆地。因为它们的两侧分别被残留岛弧和活动岛弧所限定。另外，板块在聚敛过程中可以在活动大陆边缘产生大规模走滑断裂，这种构造作用可以形成火山岛弧，也可能不引起火山活动，但却可能产生伸展盆地。例如安达曼海（Andaman Sea）。苏门答腊盆地的形成也可能与这种过程有关。挤压型弧后盆地可发

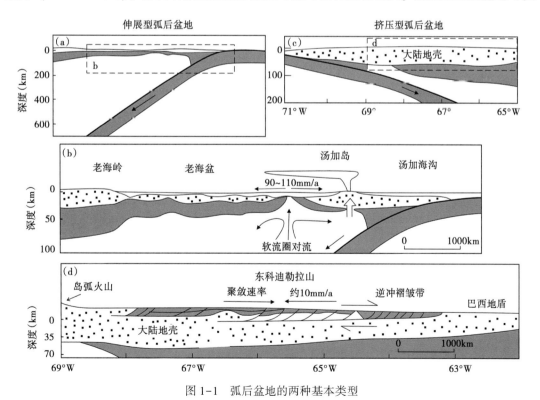

图 1-1 弧后盆地的两种基本类型

育在两种不同的构造环境：（1）由于板块俯冲带的突然移位，造成大洋盆地的一部分被火山岛弧所围限，它们在构造位置上虽然表现为弧后盆地，但在成因上却与海底扩张作用所引起的伸展作用无关。例如白令海（Bering Sea）和西菲律宾盆地（West Philippine Basin）；（2）形成在大陆地壳之上，但是这种非伸展型弧后盆地常发展为弧后前陆盆地，例如巽他陆棚和爪哇海。

一、弧后盆地的成因机制

在板块构造格架下，弧后盆地的形成是大洋板块向大陆板块之下俯冲的结果。俯冲作用在形成火山岛弧的同时，由于深部岩浆的上升以及所导致的对流，使岛弧后面的上覆地壳处于伸展构造状态。弧后地区的地壳首先经历岩石圈伸展，发展成为大陆裂谷盆地，然后演化为大洋地壳（图1-2）。盆地的伸展断陷成因可以通过盆地内部和边缘张性断层的发育、高热流，以及新生洋壳内出现磁性条带得到证明。弧后地壳扩展与两种构造过程有关，即俯冲速率和俯冲角度。如果大洋地壳的俯冲速率慢，弧后地壳将处于伸展状态；俯冲速率快，则可能导致弧后处于挤压构造状态；如果大洋板块俯冲角度大，将产生伸展型弧后盆地或马里亚纳型岛弧环境（图1-3）。俯冲角度小则使弧后地区处于挤压构造状态或智利型岛弧环境（图1-4）。图1-5显示了伸展型弧后盆地的演化过程。

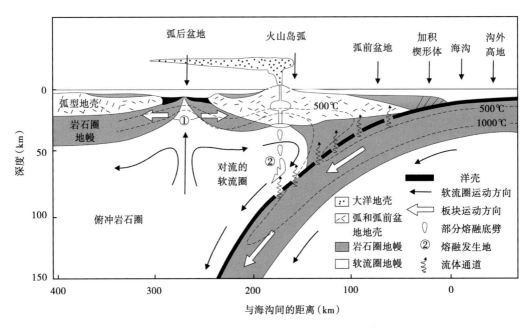

图1-2　弧后盆地形成的区域构造环境和动力学机制示意图

二、弧后盆地的地壳结构

弧后盆地发育在不同类型的地壳之上，如大洋地壳、大陆地壳和过渡性地壳。其中大多数与洋内岛弧有关。例如菲律宾海（板块）由洋壳构成，太平洋板块向西俯冲，形成Izu-Bonin-Mariana洋内岛弧，并在其西侧产生了以洋壳为基底的Shikoku和Parece Vela弧

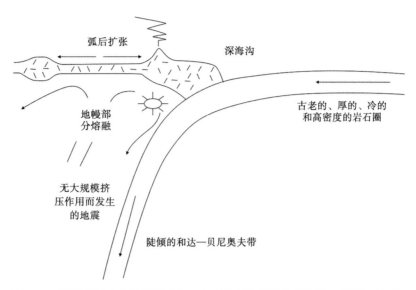

图 1-3 伸展型弧后盆地的形成与高角度和板块回卷作用相关（马里亚纳型）

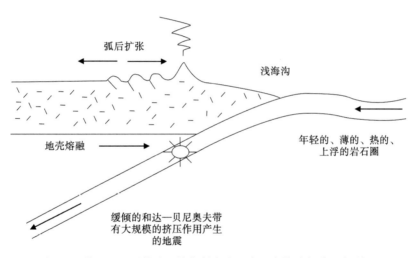

图 1-4 挤压型弧后构造环境与低角度、高速率俯冲相关（智利型）

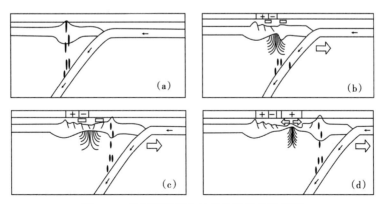

图 1-5 伸展型弧后盆地的构造演化示意图

后盆地。相比之下，日本海和冲绳弧后盆地则是从大陆地壳发育起来的。从大陆地壳发展起来的弧后盆地在其后期演化阶段可发展为洋壳。总体来说，弧后盆地的地壳厚度一般比较薄，通常在 5~15km 之间。对一些现代弧后盆地的研究结果显示，裂谷阶段的扩展速率为 10~30cm/a（如日本海），从伸展裂谷阶段（rifting）到洋底扩张阶段（sea-floor spreading）一般仅需要几百万年。

三、弧后盆地的构造演化

弧后盆地的构造演化可以划分为两个阶段，即裂谷阶段和海底扩张阶段。弧后盆地的早期裂谷特征在许多弧后盆地都有充分的表现（苏门答腊弧后盆地也表现出此特征，将在下面详细讨论）。在洋内弧后盆地构造环境中（例如 Izu-Bonin 岛弧体系），裂谷一般呈不对称的地堑，长 25~100km，宽 25~50km，相互间被构造高地或火山所分隔。盆地边缘断层紧邻火山岛弧，反映岛弧内的岩浆向上侵入也可能造成盆缘张性断层的形成。目前研究较为详细的弧后裂谷盆地是位于 Izu-Bonin 岛弧体系中部的 Sumisu 裂谷和琉球岛弧北侧的冲绳裂谷（Okinawa rift）。海底扩张代表弧后盆地演化的成熟阶段，这一阶段的延续时间一般小于 25Ma。盆地在平面上呈近四方形或弧形，其宽度与海底扩张速率和时间相关。发育成熟的大陆弧后盆地同样也都经历了裂谷阶段和海底扩张阶段。但是其形成和发展通常明显受板块边缘走滑构造作用的影响，例如日本海和安达曼海。苏门答腊弧后盆地同样也受到西侧大型右旋走滑断裂的影响。

第二节　南苏门答腊盆地构造特征

南苏门答腊盆地是由多个次级盆地构成，由新生界沉积物充填，基底为古生界—中生界变质岩和火山岩。在南苏门答腊盆地的中部，二叠系—石炭系变质岩和火成岩呈 NW—SE 走向出露，主要由千枚岩、板岩、变泥质岩、石英岩、片麻岩和花岗岩组成。在这些变质岩南部的广大区域发育侏罗系和白垩系沉积岩和石灰岩以及一些基性火成岩，而在其北部，特别是在 Palembang 市周围，出露白垩系微晶灰岩。

根据实际资料以及通过对大区域板块运动资料的深入分析，南苏门答腊盆地按运动学特征或板块构造环境分类，显然属于会聚板块边界的弧后伸展盆地。苏门答腊的构造发展主要受印度板块俯冲作用的控制和影响。该板块虽在爪哇岛的南部呈正向俯冲，但在苏门答腊西侧的巽他海沟处呈明显的斜向俯冲。这种斜向俯冲不仅在苏门答腊的前缘形成构造加积楔、弧前盆地和火山岛弧等，而且在其内部形成一条大规模的右旋走滑断层，即苏门答腊断裂带。考虑到南苏门答腊伸展断陷盆地的发育以及苏门答腊断裂带的形成，整个苏门答腊在当时应处于右旋张扭的构造环境下。因此，南苏门答腊盆地的形成应是右旋张扭构造作用的产物，并很可能受西南侧苏门答腊断裂带的直接控制（图 1-6）。另外，苏门答腊盆地处于弧后构造位置，伸展断陷的发生也指示当时印度板块很可能呈高角度俯冲并发生板块的后卷。

苏门答腊盆地在上新世发生明显的构造反转，褶皱的走向基本平行于俯冲带，呈 NW—SE 向延伸。挤压构造的产生反映苏门答腊的区域构造应力场在上新世发生了变化，由早期伸展环境变为挤压环境（图 1-7）。研究认为，上新世苏门答腊挤压应力场的形成

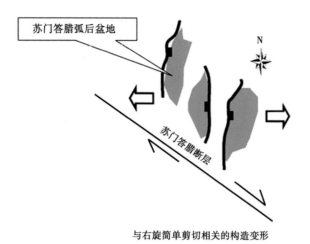

图 1-6 南苏门答腊盆地的形成机制示意图

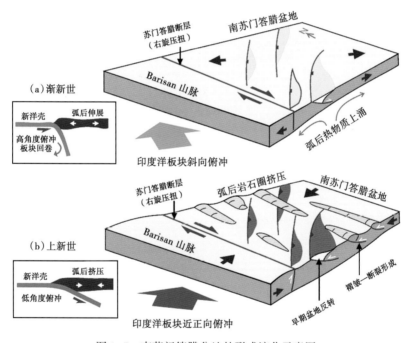

图 1-7 南苏门答腊盆地的形成演化示意图

主要与以下两种因素有关：印度板块俯冲角度的变缓和俯冲方向由斜向逐渐变为正向。但是板块俯冲的角度变缓时，由于下降板块对上覆板块产生较大的摩擦力，从而使上覆板块处于挤压构造环境中。俯冲角度的变缓主要是由于板块的浮力增强，而浮力的大小与板块的年龄相关。相关的研究结果显示，向苏门答腊之下俯冲的洋壳年龄在逐渐变小，自 10Ma 以来俯冲的洋壳主要为晚白垩世—新生代的洋壳。因此，俯冲洋壳年龄的不断变新可能是造成印度板块俯冲角度逐渐变小的重要原因之一。印度板块俯冲方向的变化可通过最近 GPS 的测量得到证实。印度板块早期主要是向北和北北东方向进行，而目前的运动方向则总体向 NE，与巽他海沟近于垂直。因此，可以认为在上新世阶段，印度板块俯冲角度的变缓和俯冲方向转为正向是导致苏门答腊构造环境发生变化的重要原因。

一、前古近系构造演化特征

苏门答腊地区在古生代和中生代经历了复杂的构造演化，晚石炭世—早二叠世，苏门答腊地区分为两个地块：东苏门答腊地块属于冈瓦纳大陆一部分，位于冈瓦纳大陆西北边缘；西苏门答腊地块属于华夏古陆的一部分，位于华夏古陆南部热带地区（图1-8）。在早二叠世，古特提斯洋开始消亡，中特提斯洋开始扩张，位于冈瓦纳大陆西北部的Sibumasu板块（包括西马来半岛和东苏门答腊岛）开始从冈瓦纳大陆上分离，Sibumasu板块南部的东苏门答腊地区沉积了一套冰碛岩（Bohorok组），西苏门答腊岛位于华夏古陆，无沉积充填（图1-9）。

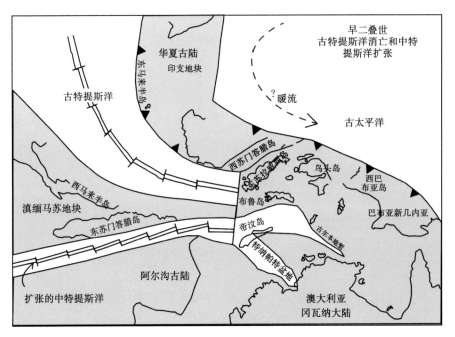

图1-8 晚石炭世—早二叠世苏门答腊地区构造演化平面示意图

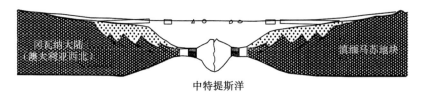

图1-9 晚石炭世—早二叠世苏门答腊地区构造演化剖面示意图

早—中二叠世，古特提斯洋向北俯冲至华夏古陆南部西苏门答腊岛之下，产生一系列典型的火山弧，主要沉积火山岩及碳酸盐岩（图1-10），主要为Silungkang组和Mengkarang组。同时古特提斯洋逐渐消亡，中特提斯洋进一步扩张（图1-11）。

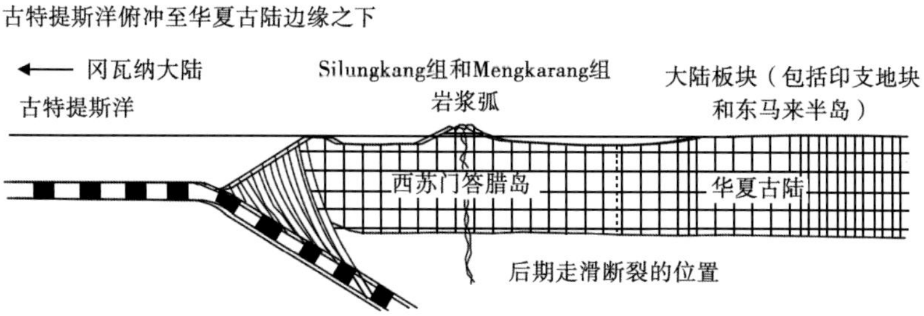

古特提斯洋俯冲至华夏古陆边缘之下

← 冈瓦纳大陆　　　　Silungkang组和Mengkarang组　　　大陆板块（包括印支地块
　古特提斯洋　　　　　　　　岩浆弧　　　　　　　　　和东马来半岛）

图 1-10　早—中二叠世苏门答腊地区构造演化剖面示意图

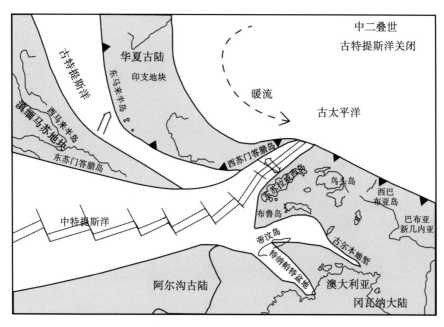

图 1-11　早—中二叠世苏门答腊地区构造演化平面示意图

　　晚二叠世，古特提斯洋消亡，Sibumasu 板块融入华夏古陆，在马来半岛中部至苏门答腊岛南部锡岛一带形成缝合带，并在这一带形成大量的岩浆活动，而西苏门答腊岛开始走滑，至早三叠世，西苏门答腊岛向西北方向右旋走滑并与东苏门答腊岛合并（图 1-12—图 1-14），并引发火山活动，苏门答腊岛之间存在一条走滑断裂带（medial sumatra tectonic zone）。

　　中—晚三叠世，苏门答腊岛和马来半岛受 NE-SW 向拉张形成 NW 向隆坳相间的格局。在地垒上沉积碳酸盐岩，在地堑主要沉积层状燧石和页岩；在三叠纪末期，由于马来半岛东部抬升，地堑中沉积浊积砂岩、页岩，砂岩向上变粗（图 1-15、图 1-16）。

　　晚侏罗世—早白垩世，Woyla 弧开始逐步向北移动，并接近西苏门答腊岛，同时中特提斯洋壳向苏门答腊岛底下俯冲，并在苏门答腊岛的中部和南部引发火山活动（图 1-17）。晚白垩世，Woyla 弧与西苏门答腊岛融合并形成走滑，形成 Barisan 火山弧，南苏门答腊盆地开始形成（图 1-18）。

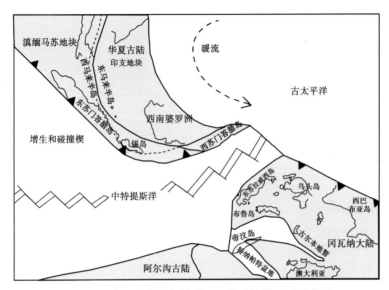

图 1-12　晚二叠世苏门答腊地区构造演化平面示意图

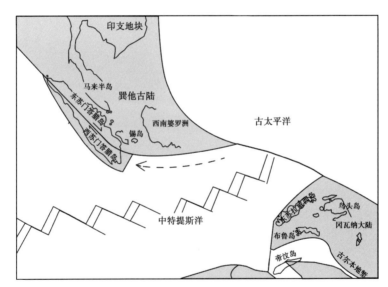

图 1-13　早三叠世苏门答腊地区构造演化平面示意图

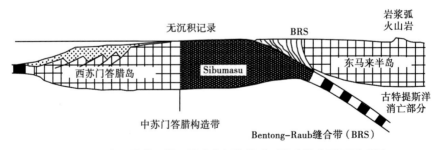

图 1-14　晚二叠世—早三叠世苏门答腊地区构造演化平面示意图

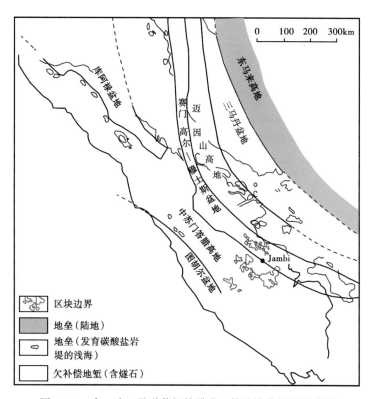

图 1-15　中—晚三叠世苏门答腊盆地构造演化平面示意图

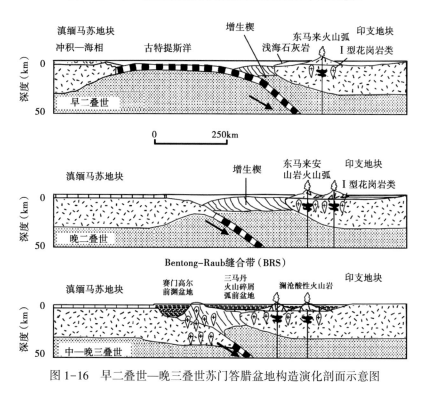

图 1-16　早二叠世—晚三叠世苏门答腊盆地构造演化剖面示意图

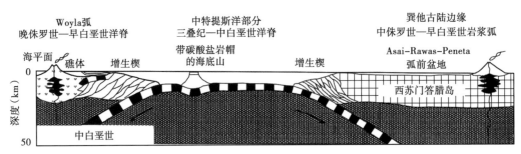

图 1-17　晚侏罗世—早白垩世苏门答腊盆地构造演化示意图

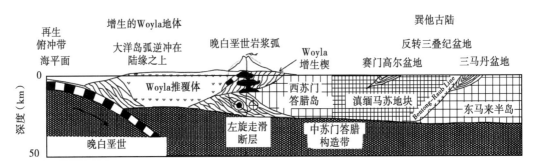

图 1-18　晚白垩世苏门答腊盆地构造演化示意图

二、古近系—新近系构造演化特征

南苏门答腊盆地的沉积发育于始新世，并在整个古近纪和中新世早期为陆相沉积，自下而上发育了 Lahat 组和 Talang Akar 组，然后接受 Batu Raja 组和 Gumai 组海相沉积（图 1-19）。古近纪陆相沉积作用发生在盆地的断陷阶段，并且同裂谷沉积岩相主要为角砾岩、砾岩、凝灰质砂岩和泥岩，沉积环境为冲积扇、河流及湖泊。海相沉积在部分地区最早发生在始新世晚期，而大规模的海侵过程是在晚渐新世—中新世。海侵方向是从南或南东进入南苏门答腊盆地。

海相碎屑沉积物超覆到基底岩石之上，一些碳酸盐岩台地和生物礁体也发育在部分断块高地之上。碳酸盐岩和砂岩在初始形成的岛弧周缘开始沉积。南苏门答腊盆地的物源总体来自于北部的巽他板块和东部的 Palembang 或 Lampung 高地。最大规模的海侵作用发生在中新世的中期，沉积了海相 Gumai 组页岩。Gumai 组页岩构成了南苏门答腊盆地油藏的封盖层。

南苏门答腊盆地的构造演化过程显示，在始新世—渐新世中期首先经历了强烈的断陷，表现为半地堑式盆地，发育 Lahat 组冲积扇—河流陆相粗粒沉积物和部分湖相细粒沉积层，火山作用相对比较弱。在裂谷沉降—沉积的后期，盆地开始抬升并遭受剥蚀。随后的 Talang Akar 组和 Gumai 组的沉积范围明显大于下伏 Lahat 组的分布范围，并出现海侵和形成碳酸盐岩（Batu Raja 组），代表了后期坳陷阶段的沉积。断陷沉积层序与坳陷沉积层序之间发育区域不整合面。

从板块构造格架的角度来分析，巽他陆棚板块（巽他陆棚板块中的碳酸盐岩台地和 Malay 微板块目前多被爪哇海覆盖）的东侧为大洋地壳和大洋扩张脊，西侧为大陆地壳，南侧为白垩纪的大陆和大洋地壳。巽他陆棚板块（也称为 Sunderland 板块）被认为是由大

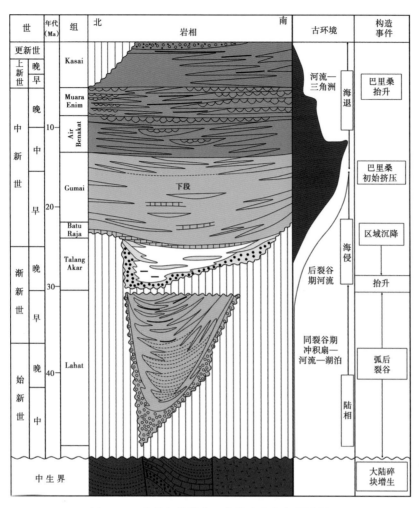

图 1-19　南苏门答腊盆地的构造演化充填过程

洋和大陆地壳块体在晚三叠世相互拼合镶嵌而成。自古近纪以来，巽他陆棚板块总体向南倾斜并发生沉降。现今的俯冲体系位于苏门答腊西侧和爪哇南侧的海域，但俯冲作用从始新世就已开始。苏门答腊西边 Barisan 山脉的隆起与俯冲作用直接相关，但主体从晚中新世开始抬升，大幅度的隆起是在上新世和第四纪早期。在始新世—渐新世阶段，由于印度板块和澳大利亚板块向北运动以及 Borneo 地块的旋转作用，导致巽他陆棚板块南部大部分地区发生地壳伸展和形成地堑和半地堑盆地，包括苏门答腊以及爪哇的北部。盆地基底为古生界—新生界不同类型的变质岩。在后期的构造挤压阶段，苏门答腊内部许多盆地从早期的正断层演变为逆断层。

总结南苏门答腊盆地的构造—沉积演化历史，可将其划分为四个发展阶段或时期：（1）古新世晚期—早中新世强烈伸展断陷期［图 1-20（a）］，形成近 SN 向延伸的断陷盆地，并充填了始新世—早中新世沉积；（2）晚中新世断陷—坳陷过渡期［图 1-20（b）］，表现为明显的坳陷，只是晚期在部分地区发育张性断裂；（3）早上新世大规模坳陷期，盆地发生整体的沉陷，断裂发育较弱［图 1-20（c）］；（4）上新世至现今盆地反转期［图 1-20

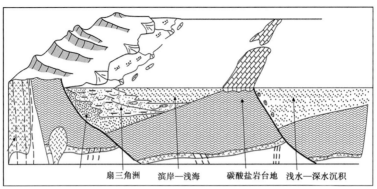

（a）伸展断陷期

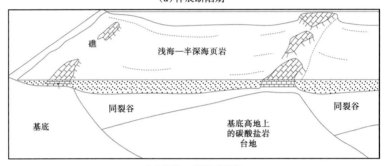

（b）断陷—坳陷过渡期

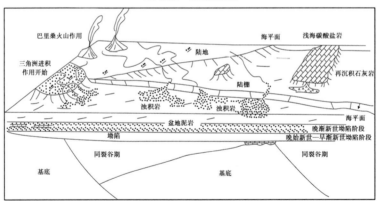

（c）大规模坳陷期

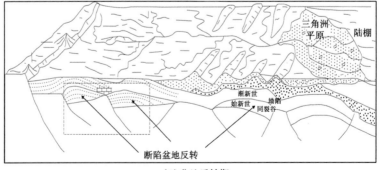

（d）盆地反转期

图1-20　南苏门答腊盆地构造演化过程示意图

(d)]，发育基底卷入式的逆冲挤压断层，盆地发生反转并形成背斜构造。南苏门答腊盆地内部不同部位的断陷虽经历了不同的沉积充填，岩相带的空间展布和沉积体系的分布不同，但它们总体的构造—沉积发展趋势完全一致。

三、断裂发育特征及盆地构造单元

1. 断裂发育特征

南苏门答腊盆地为古近纪—新近纪发育的弧后裂谷盆地，盆地主要经历了早期的断陷期、断坳转换期、坳陷期及构造反转期。南苏门答腊盆地主要发育 NE—SW 及 NW—SE 向两组断层（图 1-21）。晚白垩世—早古新世，伴随着苏门答腊岛西部边缘的 NW—SE 向大型走滑断裂的发育，盆地内伴生发育一系列走滑，同时形成 NE—SW 向正断层，形成盆地早期隆坳相间的构造格局（图 1-22）；到晚中新世，由于板块持续俯冲，苏门答腊地区受 NE—SW 向的挤压，形成一系列 NW—SE 向大型逆掩断层（图 1-21），同时局部地区早期基底形成的走滑断层和正断层可能再次活化。

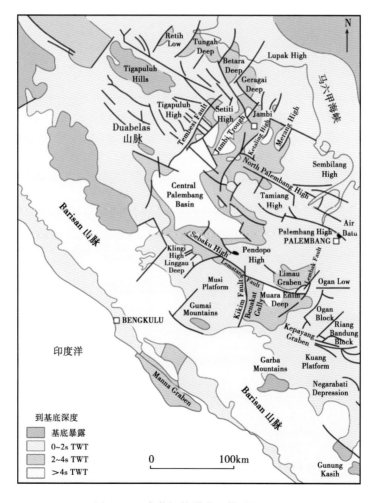

图 1-21　南苏门答腊盆地构造纲要图

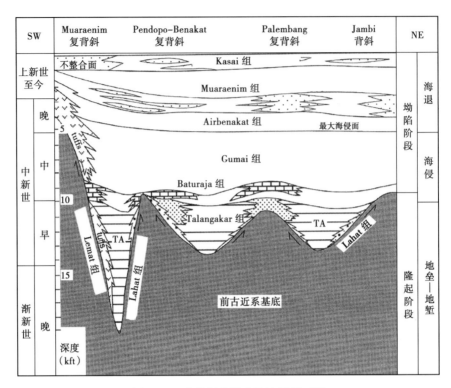

图 1-22　南苏门答腊盆地地层剖面图

　　南苏门答腊盆地早期 NE—SW 向正断层活动时间较长，从早古新世开始持续至晚渐新世末。该组断裂断距普遍较大，角度较陡，而且延伸较远，部分具有走滑的性质，是早期控制盆地沉积的主要因素之一（图 1-23）。在该组断层的下盘往往沉积较厚的沉积物，断

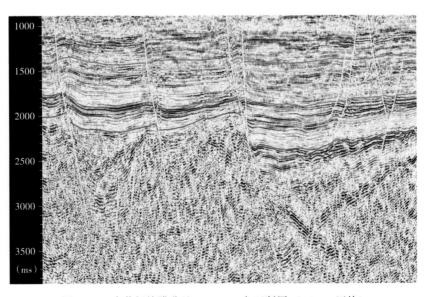

图 1-23　南苏门答腊盆地 NE—SW 向正断层（Jabung 区块）

层上盘早期主要暴露地表，可能为局部的物源区，盆地形成隆坳相间的格局，各个坳陷之间互不相连。到晚渐新世—早中新世，南苏门答腊盆地发生广泛的海侵，盆地范围扩大，盆地基本连为一体，早期因为断裂形成的古隆起上开始接受沉积。

中新世盆地受 NE—SW 向挤压，发育一系列 NW—SW 向逆断层，该组断层断距差异较大，在挤压应力较大地区，断距往往较大，延伸距离较远；而在挤压应力较小地区，断距较小（图 1-24）。该组断裂对早期形成的正断层进行切割，在局部地区使早期形成的正断层活化，导致某些早期形成断层具有下正上逆的特征。中新世的构造挤压是盆地形成圈闭的主要时期，形成一系列挤压背斜、断背斜、断块圈闭，对盆地的油气成藏及聚集起到至关重要的作用。

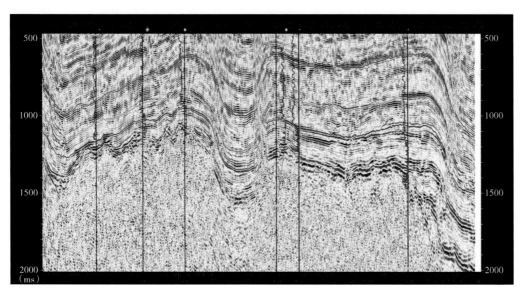

图 1-24　南苏门答腊盆地逆断层（Jabung 区块）

2. 盆地构造单元划分

南苏门答腊盆地主要发育三个主要坳陷：Jambi 坳陷、中 Palembang 坳陷和 Muara Enim 坳陷，这三个坳陷主要发育盆地中部，呈 NE—SW 向分布。除此之外，在盆地北部还发育一序列次级凹陷，如 Betara 凹陷、Geragai 凹陷、Tungah 凹陷及 Retih 凹陷等，在盆地东部发育 Limau 凹陷。围绕凹陷周边发育一序列隆起，西部主要为 Tigapuluh 隆起和 Duabelas 山；盆地北部发育 Lupak 隆起；盆地东部发育 Sembilang 隆起、Palembang 隆起和 Pendopo 隆起等。

第三节　Jabung 区块地质概况

Jabung 区块位于南苏门答腊盆地北部的 Jambi 坳陷，区块面积经多次退还后，现有面积 1643km²，是印度尼西亚项目产量、储量的主力区块（图 1-25）。截至目前，该区块已发现 18 个含油气构造，其中中部凹陷带 7 个，西部凸起带 11 个，形成 N. Betara、Gemah、NEBT、WBT、SWBT、RI、SBT、Suko、NG、MAKM 共 10 个油气田（图 1-25）。从已发现的油气藏看，处于不同构造单元中的油气藏具有不同的特征。

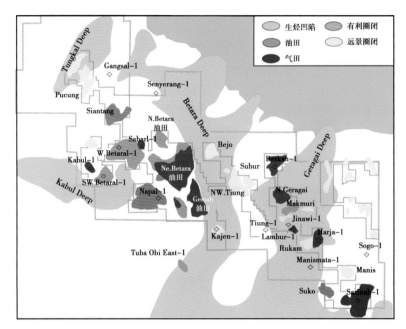

图 1-25　Jabung 区块油气田分布图

一、区块地层发育特征

由钻探和区域资料表明，该区基底由前新生界火山岩、变质岩和碳酸盐岩复合组成，并发生强烈的褶皱和断裂。

基岩之上的最早沉积为始新统—渐新统 Lahat 组，与基岩形成明显的不整合接触，以冲积扇、河流—湖泊相碎屑岩沉积为主。在深断陷中形成主要的烃源岩。

Lahat 组之上为 Talang Akar 组，分为上下两段：下段以冲积—河流—三角洲沉积为主，充填在沉降的半地堑中，并向大多数基岩隆起上超覆。该套地层包含厚层的中粗粒砂岩、砾岩，并夹有薄煤层，砂岩沉积于辫状河、曲流河环境。该地层沉积在 Lahat 组之上，或直接覆盖在前新生界基岩上。Talang Akar 组上段由页岩、泥岩、砂岩及薄煤层组成，岩性表明沉积环境为河流—三角洲及边缘海。Talang Akar 组沉积受古地形影响明显，在某些基岩隆起上缺失或很薄，储层质量变差。

Talang Akar 组之上为 Gumai 组，是在早—中中新世海侵期沉积形成的，为细—中粒砂岩和页岩、泥岩、薄灰岩互层，为三角洲前缘沉积。

Gumai 组之上为 Air Benakat 组（中—晚中新世），由巨厚的细—中粗粒海绿石砂岩组成，并含有泥岩及薄层砂屑石灰岩。沉积环境为边缘海和河流三角洲。从 Gumai 组上部至 Air Benakat 组下部，整体表现为向上变粗的海退沉积。

Air Benakat 组之上为中新统上部的 Muara Enim 组，沉积物源主要来自晚中新世区域构造挤压形成的凸起。下段由河道砂岩、页岩和煤层组成，属三角洲平原环境；上段由河流三角洲到浅海沉积的泥岩和凝灰质砂岩组成。

最新地层为上新统 Kasai 组和更新世沉积地层，主要由河流相粗—极粗粒凝灰质砂岩、粉砂岩、泥岩和少量褐煤组成。

二、区块构造特征

根据基底结构、区域断裂展布及构造的控制因素与类型，将区块划分为三个构造带（图 1-26—图 1-29）。

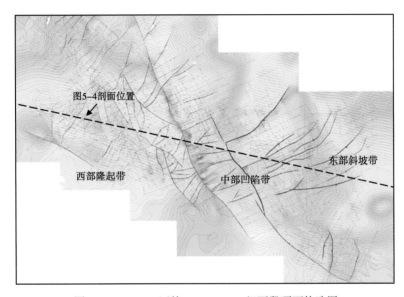

图 1-26　Jabung 区块 Talang Akar 组下段顶面构造图

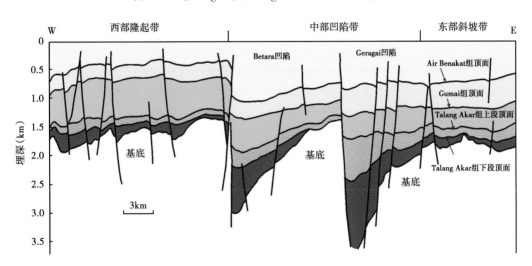

图 1-27　Jabung 区块结构剖面图

中部凹陷带主要由断陷期形成的 Betara 和 Geragai 凹陷组成，凹陷深度达 3962~4572m 两凹陷之间以低凸起相隔。凹陷中接受了 Lahat 组和 Talang Akar 组河湖相沉积，是 Jabung 区块的主要油源凹陷。目前发现的油藏主要在 Gumai 组和 Air Benakat 组储层中，油气主要通过深层断裂沟通油源，向上运移聚集而成。

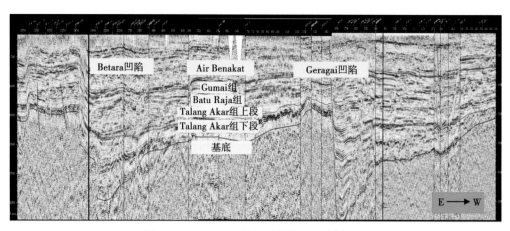

图 1-28　Jabung 区块东西向骨干地震剖面图

UTAF—Talang Akar 组上段；LTAF—Talang Akar 组下段

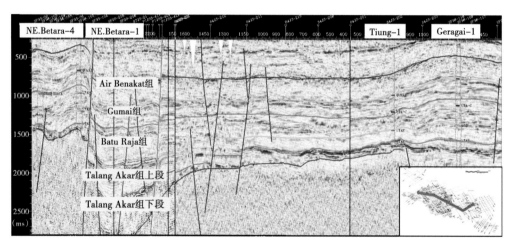

图 1-29　Jabung 区块近北西向骨干地震剖面图

　　西部隆起带主要指 Betara 凹陷以西的部分，与 Betara 凹陷之间由一条断距很大的逆反转断层相隔，隆起上基本缺失 Lahat 组，Talang Akar 组厚度减薄。油气通过断层由 Betara 凹陷向上运移，然后再横向运移。已发现的 6 个含油气构造储层均以 Talang Akar 组为主。

　　东部斜坡带主要指 Geragai 凹陷以东的部分，斜坡带断层发育但断距不大。该带尚无油气发现。

第二章　南苏门答腊盆地层序及沉积特征

第一节　层序地层划分

南苏门答腊盆地地层层序划分及层序格架，是建立在前述地层构造演化的基础上，主要从中国石油天然气集团公司（以下简称中石油）Jabung 区块的具体资料入手，进行深入研究后形成的成果。

一、测井层序划分及对比

本书共利用了 Jabung 区块约 50 口井的资料及部分井岩心资料，研究工作就是从这些钻井资料的层序地层分析开始，主要以测井曲线、完井地质报告、岩屑录井、井壁取心等资料为基础，进行测井层序的综合分析和研究。

1. 关键性层序界面识别

1）层序界面的识别

岩性突变反映环境的转换为突发事件，或存在有沉积间断。在南苏门答腊盆地 Jabung 区块，基岩 Talang Akar 组下段的陆相碎屑岩沉积直接充填在凹陷区的花岗岩和变质岩基底之上，与基底呈不整合接触，形成全盆地的层序边界；在 Talang Akar 组上段沉积时期发生海侵，上部的细粒泥岩直接盖在下部粗粒沉积物之上，形成区域性的岩性突变界面，为盆地内的区域性的层序边界（图 2-1）。

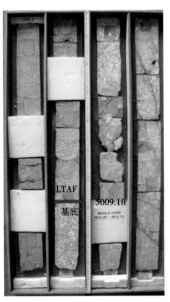

图 2-1　Jabung 区块钻井岩心界面识别

1ft＝0.3048m；UTAF—Talang Akar 组上段；LTAF—Talang Akar 组下段

2）首次水泛面（FFS）与最大水泛面（MFS）的识别

首次水泛面是低位体系域（LST）与水进体系域（TST）的界面，也可能与层序边界重合（例如在坡折带以上部位），因而常见其下接不整合面或冲刷面。在上覆地层沉积时的浅水地带，其上有内源砾石（下切谷近顶部）和经波浪作用充分簸选的沙滩与沙坝类沉积。在深水部位首次水泛面与层序边界分开，其代表一种整合界面，测井响应表现为由加积或前积向退积的转折，形态呈现由箱状或漏斗状向钟形的变化（图2-2）。

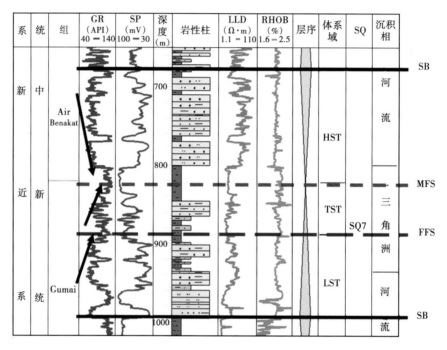

图2-2　首次水泛面识别

2. 单井层序划分

南苏门答腊盆地从地层岩性分析，由下至上发育有：Lahat 组、Talang Akar 组、Bota Raja 组、Gumai 组以及 Air Benakat 组。其中，Lahat 组与基岩形成明显的不整合接触，分布范围小，主要分布于盆地深陷区。Lahat 组之上为 Talang Akar 组，该组主要沉积于盆地断坳转换期，沉积受古地形影响明显，在某些基岩隆起上缺失或很薄，并明显分为上下两段，Talang Akar 组下段充填在沉降的半地堑中，并向大多数基岩隆起上超覆。该套地层包含厚层的中粗粒砂岩、砾岩，并夹有薄煤层，Talang Akar 组上段由泥岩、砂岩及薄煤层组成。Talang Akar 组之上为 Batu Raja 组，该组全区分布，沉积厚度薄，有大量海绿石、黄铁矿出现。Batu Raja 组之上为 Gumai 组，厚度最大，为细—中粒砂岩和页岩、泥岩、薄灰岩互层沉积。Gumai 组之上为 Air Benakat 组，由巨厚的细—中粗粒砂岩组成，并含有泥岩及薄层砂屑。从 Lahat 组到 Air Benakat 组，自下而上总体上具有粗—细—粗的变化趋势。

本节测井层序分析以 50 口单井层序划分为基础，建立了层序划分方案和对比标准（图2-3—图2-6）。在所分析的钻井中，由于各井在盆地中所处的构造位置及钻探深度不同，因而所揭示的地层和层序的详细程度及完整性也各不相同。通过分析，可将盆地目的

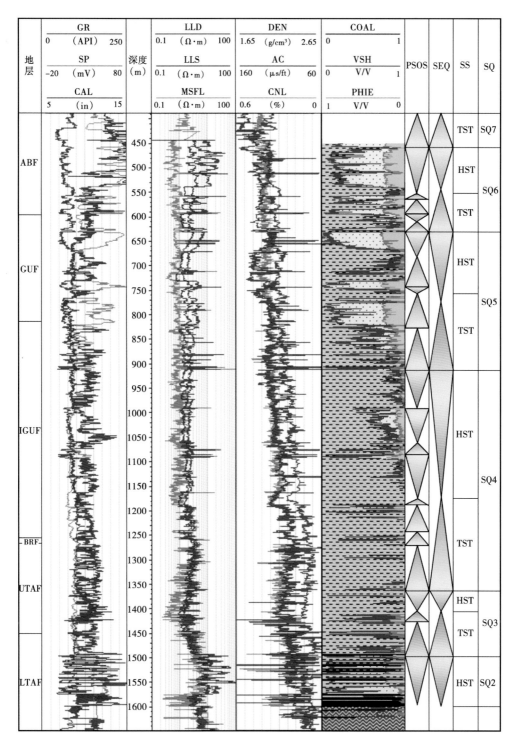

图 2-3　NEB-1 井单井层序划分

ABF—Air Benakat 组；GUF—Gumai 组；BRF—Batu Raja 组；UTAF—Talang Akar 组上段；LTAF—Talang Akar 组下段；
IGuF—Intra-Gumai 组

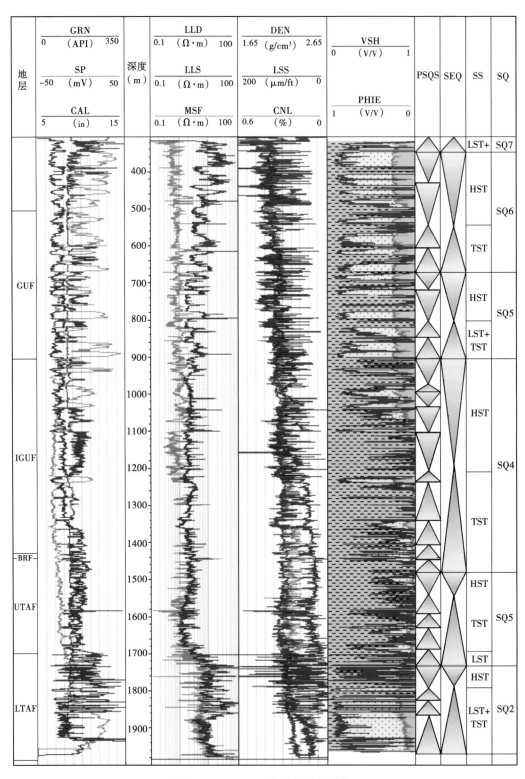

图 2-4　Gemah-4 井单井层序划分

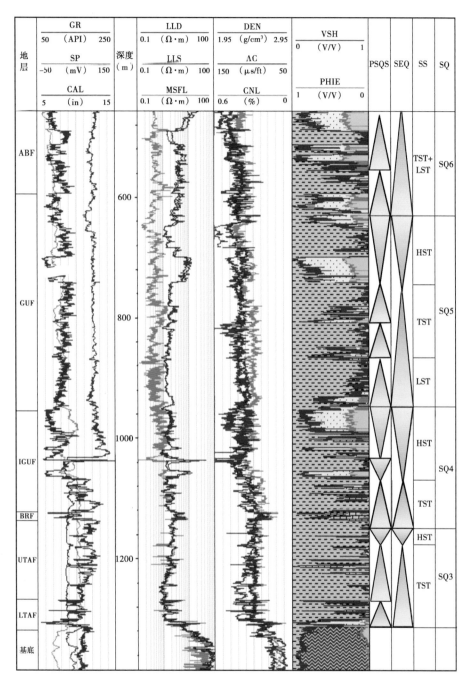

图 2-5　Panen U-1 井单井层序划分

层位划分为 8 个三级层序，Lahat 组、Talang Akar 组下段、Talang Akar 组上段、Batu Raja 组各划分为 1 个三级层序，Gumai 组可划分为 2.5 个三级层序，Air Benakat 组划分为 1.5 个三级层序，共 9 个三级层序边界，8 个三级层序水泛面，对应于地震层序分析所建立的 8 个三级地震层序，自下而上分别编号为 SQ1—SQ8。

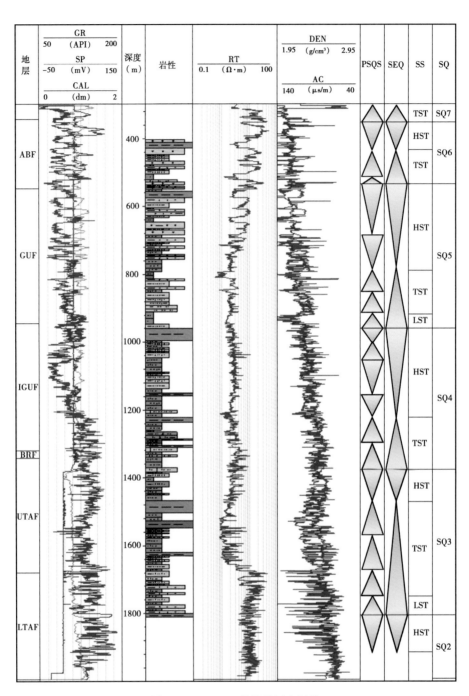

图 2-6 Ripah-3 井单井层序划分

二、地震层序划分及特征

地震层序划分是以识别层序边界为基础的，地震层序的边界可以理解为不整合面或与之可以进行对比的整合面在地震剖面上的响应。根据地质事件在地震剖面的反映，可

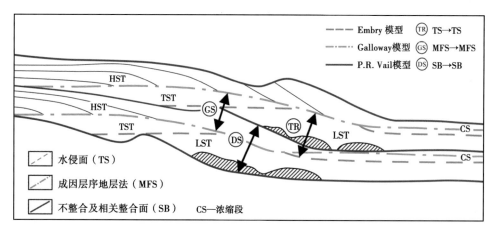

将反射波组间的相互关系划分为协调（整一）关系或不协调（不整一）关系两种类型。协调关系相当于地质上的整合接触关系，不协调关系相当于地质上的不整合接触关系。地震层序边界是通过分析地震剖面上表示不协调关系的反射波终止类型来加以识别的。指示层序底界面的反射波终止类型有上超和下超，指示层序顶界面的反射波类型有削截和顶超（图 2-7）。

图 2-7 反射终止形式及不连续类型示意图

1. 盆地基底识别

古近系覆盖于白垩系变质岩基底之上，是中生界与新生界的分界面。在地震上表现为一套较强的、连续性较差的密集反射超覆于基岩面之上，为一个全盆性的不整合面。

2. 其他界面识别

层序 SQ2 顶界面是一区域性的不整合面，其特征在钻井、地震剖面上均有明显反映，地震反射同相轴强，弱连续，在地震剖面上显示上超、顶超现象。层序 SQ3 顶界面为一沉积转换面，其特征在钻井、地震剖面上均有明显反映，地震反射同相轴弱，连续较差，在地震剖面上显示上超、顶超现象。层序 SQ4 顶界面为一较大沉积转换面，界面上下地震振幅强弱分异明显，在斜坡部位可见上超现象，界面上下表现为一密集的强反射突变，为弱—空白的连续性差的反射，界面特征明显。层序 SQ5 顶界面在该区块内为一沉积转换面，界面上下地震振幅强弱分异明显，为一组中到弱连续—空白反射突变为较连续—连续的中高频中等强度反射，局部可见超覆现象。层序 SQ6 顶界面为一较大的沉积转换面，斜坡处上超特征明显，为一较连续—连续的中高频中等强度反射渐变为中频、连续性好的强反射特征（图 2-8）。

三、综合层序地层格架

上述地震层序划分方案是经过合成地震记录标定，与测井层序地层划分方案对比，反复校正，以建立全盆地的综合层序地层划分方案。

层序 SQ1：大致对应于 Lahat 组，形成于盆地断陷发育期，相对水平面下降半旋回占优势，地层分布范围局限，主要充填于各凹陷的深部位，是盆地发育早期粗碎屑混杂堆积、快速充填的结果，以冲积扇—河流—湖泊相碎屑岩沉积为主。

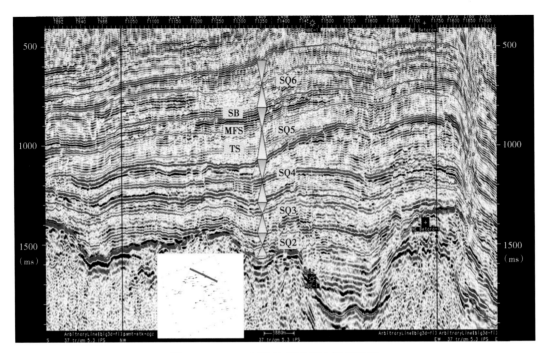

图 2-8　Jabung 区块地震层序边界特征图

层序 SQ2、SQ3：大致对应于 Talang Akar 组，形成盆地断陷—断坳转换期，这时相对水平面上升半旋回略占优势，地层沉积范围扩大，但仍受古地形影响，在凹陷区地层厚度大，沉积物快速堆积后形成了倾斜的箕状断陷不对称地形，在某些基岩隆起上地层缺失或很薄。沉积物主要由灰白色砾岩、砂岩、粉砂岩和深灰色—灰色泥岩组成，并夹有薄煤层，沉积环境以冲积扇—河流—三角洲沉积为主。

层序 SQ4：大致对应于盆地坳陷发育阶段海侵期的 Batu Raja 组和 Intra-Gumai 组，盆地迅速扩张，沉积范围扩大，靠近中、东部凹陷带旋回的不对称性减弱，整个层序东、中、西部地层厚度的差异逐渐变小，岩性以灰色灰岩或灰质、含灰砂岩为主，夹有薄层泥岩，该层序主要发育于浅海沉积环境。

层序 SQ5：大致对应于盆地坳陷发育阶段海侵期 Gumai 组的下段，总体形成于海平面上升背景下，层序厚度在全区块最大，地层沉积表现出继承性的特征，主要为一套厚层泥岩、粉砂质或砂质泥岩，发育前三角洲—浅海沉积环境。

层序 SQ6：大致对应于盆地坳陷阶段 Gumai 组的上段，地层全区广泛分布，范围大，厚度变化小，主要由灰色、粉砂岩夹色泥岩组成。该层序发育时期，盆地水体开始变浅，沉积物供应充足，岩性向上变粗，为三角洲前缘和三角洲平原环境。

综上所述，层序 SQ1（Lahat 组）和层序 SQ2、SQ3（Talang Akar 组），发育于盆地断陷期，具有深凹沉积、厚度变化大、沉积中心转移以及沉积相类型多样化的特征；层序 SQ4（Batu Raja 组和 Intra-Gumai 组）和层序 SQ5（Gumai 组下部），在最大水泛期，发育有较深水环境下的浅海相沉积物，分布范围广，厚度稳定；层序 SQ6（Gumai 组上部），为大面积的浅水沉积，范围广，分布稳定，在局部地区见有浅海相沉积，具有继承性的特点，从层序

SQ1 到层序 SQ6，全区经历了一个完整的海进—海退旋回（图 2-9—图 2-12）。

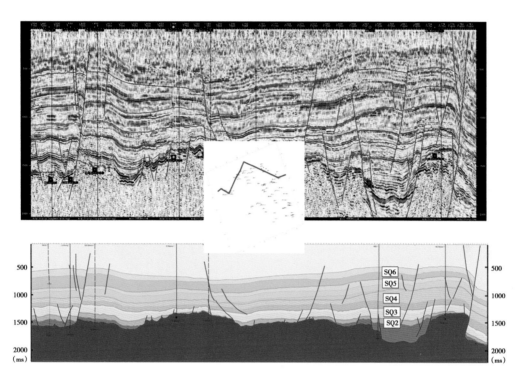

图 2-9 Jabung 区块 SW—NW 向层序对比剖面

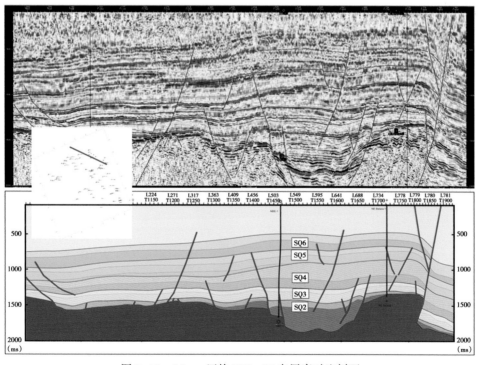

图 2-10 Jabung 区块 NW—SE 向层序对比剖面

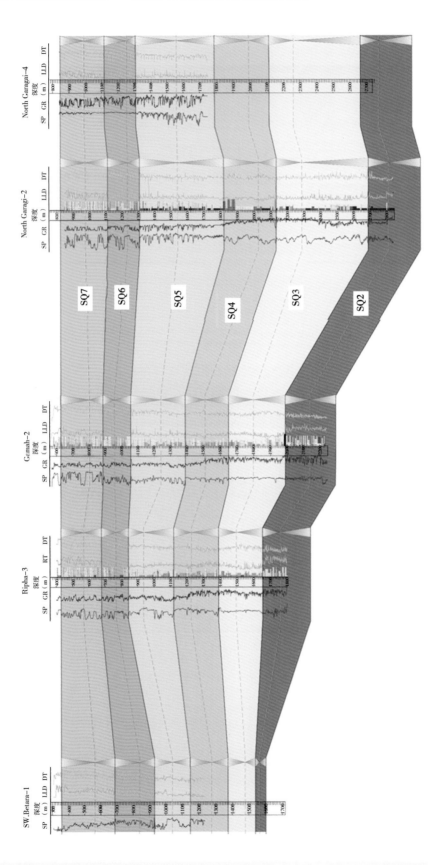

图 2-11　Jabung 区块南北向层序地层对比剖面图

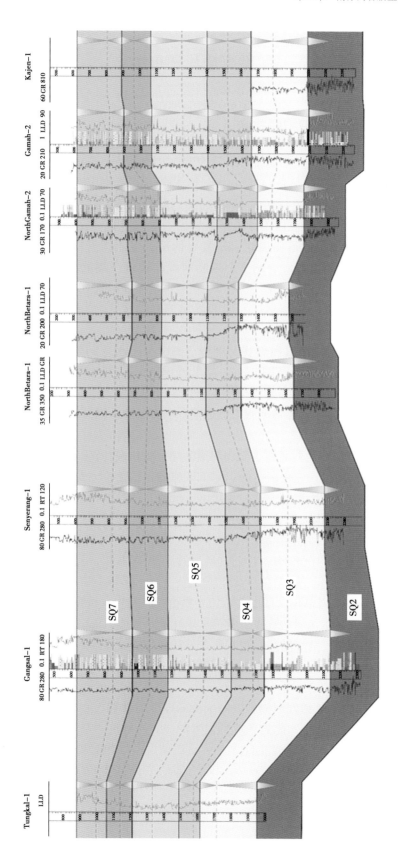

图 2-12　Jabung 区块东西向层序地层对比剖面图

第二节　沉积相及其展布特征

一、南苏门答腊盆地沉积相展布特征

南苏门答腊盆地储层发育，从下到上有六套储层，即基岩、Lahat 组、Talang Akar 组上段和下段、Batu Raja 组（碳酸盐岩）、Gumai 组和 Air Benakat 组。

前新生界基岩储层主要由低孔隙度（小于10%）和低渗透率的花岗岩、碳酸盐岩、砾岩和砂岩组成。基底局部的热液作用和碳酸盐岩的岩溶作用能形成次生孔隙。偏泥的前新生界基岩通常为非储层，但是在裂缝大量发育的地区也能作为良好的储层。Chalik 等（2004）认为 Sumpal 油田裂缝发育的主要控制因素是最近一期的区域褶皱和隆起构造运动。大部分花岗岩基底层段产水量很高，现今产水量最高的是在 Merang 高上的 Gading-1 井，每天产水量为 255.11t。然而，通常情况下基岩储层的质量不足以形成高产油流。

Lahat 组的储层因沉积于冲积扇和辫状河环境，则由分选很差的角砾状粗砂岩组成，砂岩向基底凸起尖灭，并由上覆页岩封盖。Benakat 油田在 Lahat 组发现商业油流。另外，在 PYH 和 Ibul 油田，Lahat 组也是有效的储层。该储层的孔隙度变化非常大。Maulana 等（1999）报道在该组发现孔隙度和渗透率很好的储层。但在盆地大部分范围，Lahat 组都未钻穿。

Talang Akar 组下段储层在盆地北部主要由河道充填、决口扇和点沙坝砂岩组成；在盆地南部主要由三角洲平原河道、三角洲前缘、河口坝和海相障壁砂组成（图 2-13），好的储层砂岩主要为辫状河平原和曲流河道砂岩。储层质量差的砂岩主要是分选差的近缘冲积扇沉积物和远端的三角洲，其孔隙度为 10%~15%（取决于埋藏深度），渗透率为 1~50mD。相反，储层质量好的砂岩主要是离沉积物源区较远，有中—高结构成熟度和成分成熟度并且在高能环境形成的沉积物。它们的孔隙度主要集中在 15%~29%，渗透率为 100~3000mD。

Batu Raja 组为一碳酸盐岩单元（图 2-14），主要由粒泥灰岩、泥粒灰岩、粒屑灰岩以及生物礁骨架组成，钻井显示该组的孔隙通常为次生孔隙。然而，Batu Raja 组中高孔隙度地层与沉积和成岩作用有关。潜在的高孔隙碳酸盐岩的分布主要受当时沉积相的影响。在现已生产的油田中，该层的平均孔隙度为 21%。在 Pulau 油田中，Batu Raja 组储层孔隙度为 11%，该层的气流量为 50.12 万 m^3。

在 Gumai 组和 Air Benakat 组发现的最好储层砂岩厚度通常在 5~40m，主要为浅海和三角洲环境（图 2-15、图 2-16）。此类环境下发育的砂岩孔隙度很高（通常大于20%），但是渗透率变化较大（10~3D）。尽管在许多井中该组储层砂岩相对较厚，但是由于低能量和相对较差的渗透率，产量不高。

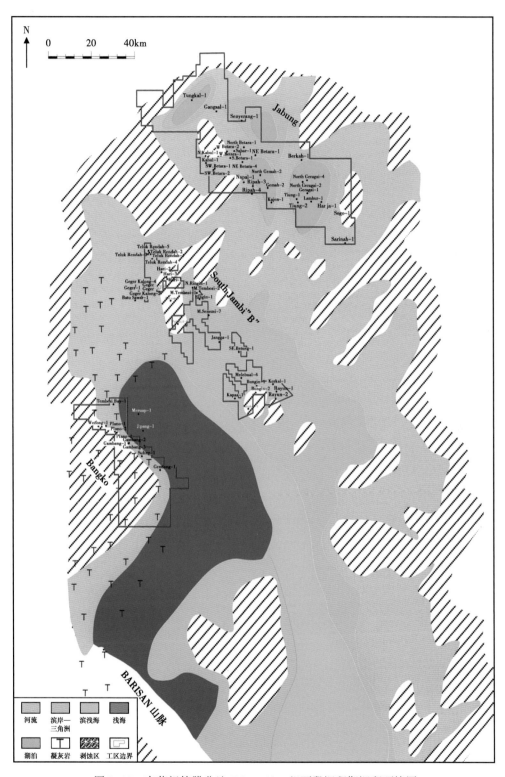

图 2-13 南苏门答腊盆地 Talang Akar 组下段沉积期沉积环境图

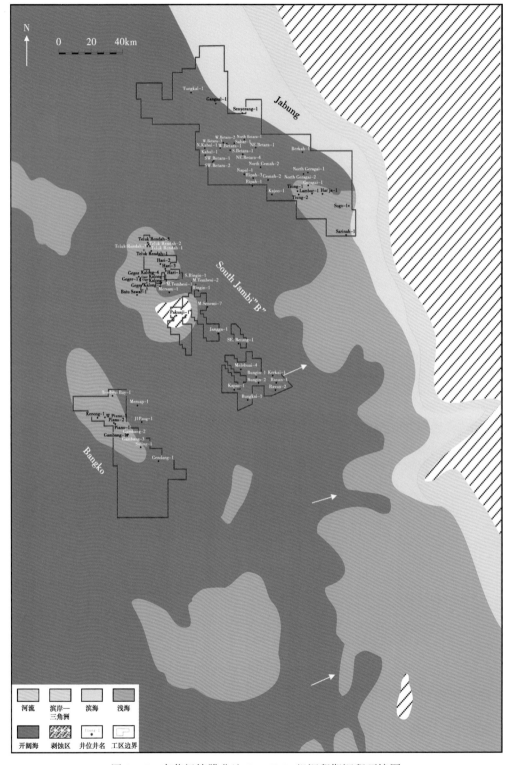

图 2-14　南苏门答腊盆地 Batu Raja 组沉积期沉积环境图

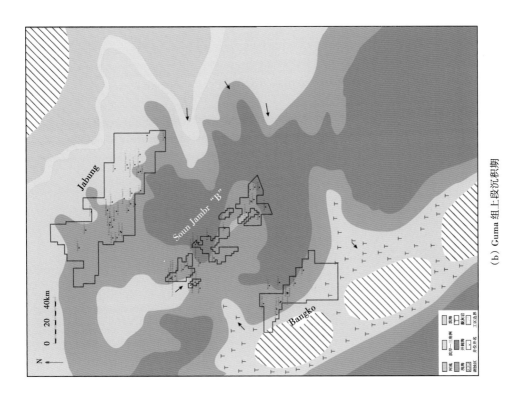

(b) Guma 组上段沉积期

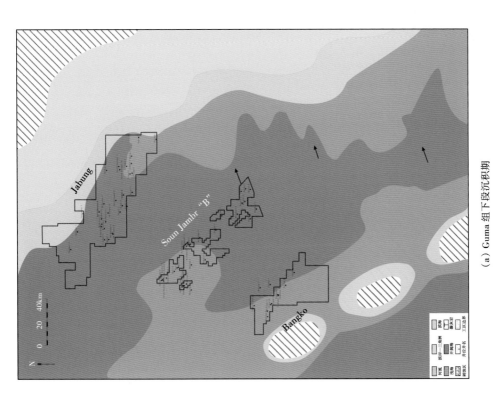

(a) Guma 组下段沉积期

图 2-15　南苏门答腊盆地 Gumai 组沉积期沉积环境图

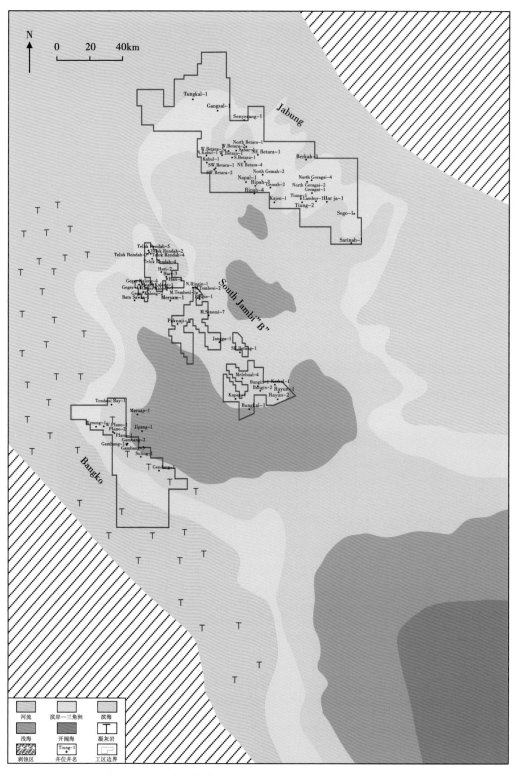

图 2-16　南苏门答腊盆地 Air Benakat 组沉积期沉积环境图

二、Jabung 区块沉积相特征

1. 测井相分析

根据测井资料分析沉积相是一种重要的途径，研究区可以识别出以下几种沉积相或亚相类型。

1）冲积扇

冲积扇主要发育于断陷期，分布在东部坳陷断层边缘及西部隆起带局部地区，为浅灰色、灰色粗砂岩或砾岩不等厚层沉积（图 2-17）。自然电位曲线形态为指形齿化组合（图 2-18）。

图 2-17　冲积扇识别标志图（WB-3 井）

2）河流相

河流相主要表现为下切谷河道充填和辫状河沉积，粒度粗，分选性差，测井曲线上表现为高幅齿状特征，为砾岩、粗砂岩、砂岩与泥岩互层的组合（图 2-19）；测井曲线上表现为由下至上层系及细层的厚度变薄、粒度变细的正韵律旋回，每个旋回底部发育有明显的侵蚀、切割及冲刷现象，河道沙坝发育（图 2-20）。

3）三角洲沉积

三角洲可进一步分为三角洲平原、三角洲前缘和前三角洲，平面上主要分布在凹陷周围的斜坡地区。三角洲平原相沉积为浅灰色、灰色、褐色泥岩，夹白色、浅灰色的粉砂岩或粗砂岩不等厚互层沉积（图 2-21）。自然电位曲线形态为箱形—指形齿化组合（图 2-22）。

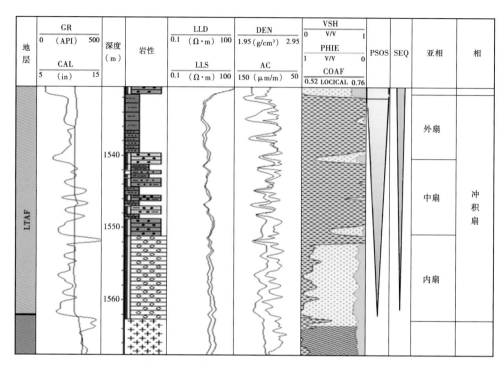

图 2-18　冲积扇识别标志图（NEB-4 井）

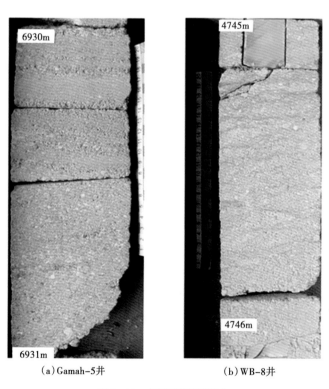

（a）Gamah-5井　　　　　　　　　　（b）WB-8井

图 2-19　河流相识别标志

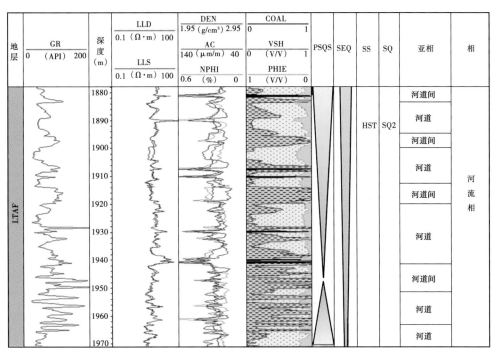

图 2-20 河流相识别标志 (North Gemah-2 井)

图 2-21 三角洲相识别标志 (WB-6 井)

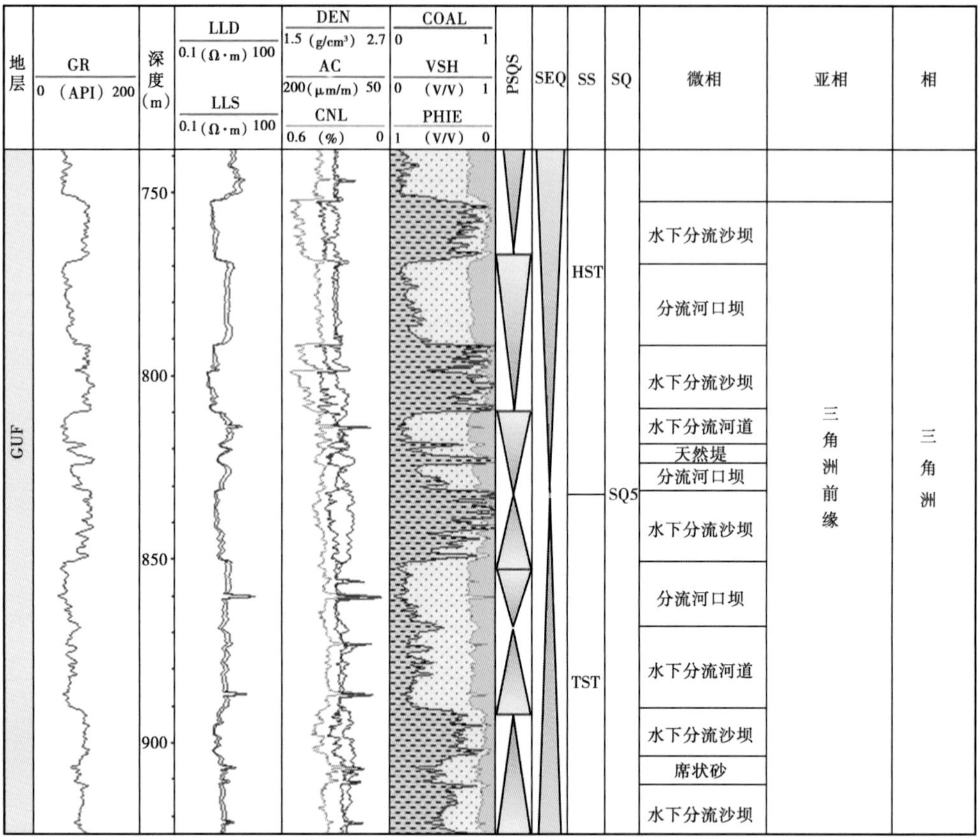

图 2-22　三角洲相识别标志（NEB-6 井）

2. 地震相分析

在地震相分析中，特殊地震相的识别具有提纲挈领的作用。特殊地震相包括特殊外形（楔形体、丘形体、透镜体等）和特殊结构（前积结构、上超结构、顶超结构、下切结构等）。特殊地震相具有比较明确的地质含义，可以指示水系方向，还需结合其发育背景、钻井控制等进行综合判断。前积层的末端常深入至盆地内部，如浅海或湖泊区。因此，特殊地震相单元不仅自身有比较明确的地质含义，还有助于确定其周围的地震相单元的解释。

如前积结构可以将其解释为一个扇体，至于是三角洲、扇三角洲还是水下扇的沉积体，一般的物源作用方向与反射前积方向、楔形状变薄方向以及下切沟谷的延伸方向一致，与丘形体剖面方向相垂直。而沉积体的性质则需要根据沉积体在古地理格局中的位置、沉积体与周围其他地震相的平面组合关系、钻井揭示的沉积特征等因素的综合分析来加以判断。例如，同是前积反射体，如果发育在盆地陡岸的下降盘，前端与平行、连续性好、振幅稳定的地震相单元相邻，后端紧靠陡岸或断层，则可解释为冲积扇（图2-23）；如果发育在盆地的缓坡边缘，前端与亚平行、较连续、中等—强振幅的地震相单元相邻，后端与连续性较差、振幅多变的地震相单元相接，则应解释为三角洲沉积体系（图2-24）。

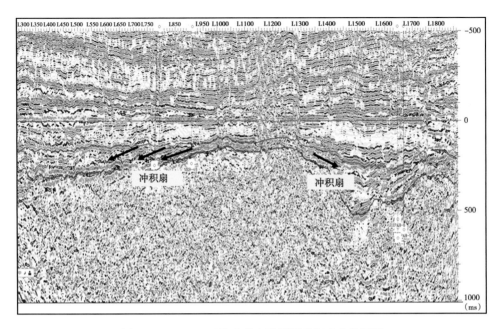

图 2-23　Jabung 区块冲积扇地震沉积相响应特征图

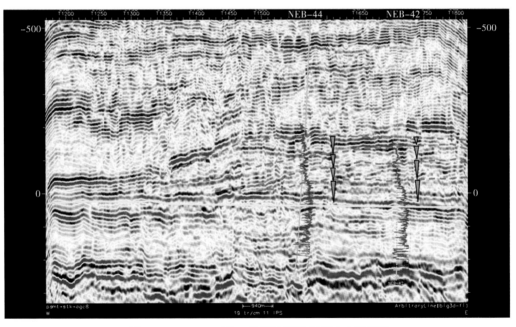

图 2-24　Jabung 区块三角洲地震沉积相响应特征图

三、盆地沉积相展布特征

通过单井分析（图 2-25）、连井沉积相对比（图 2-26—图 2-28）、地震属性分析和半旋回沉积相平面图，可以看出沉积相的纵向演变规律和空间展布特征。

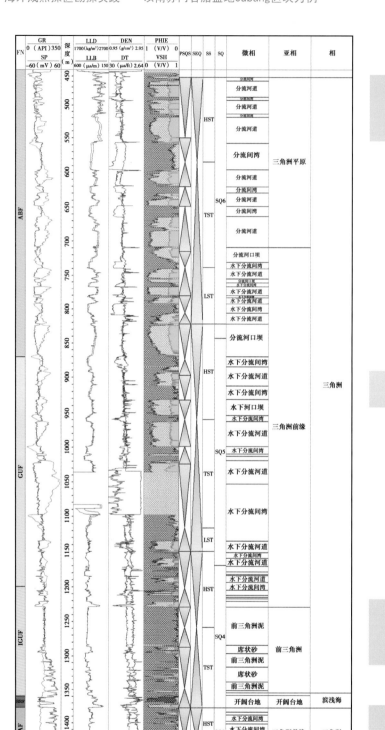

（a）WB-4井

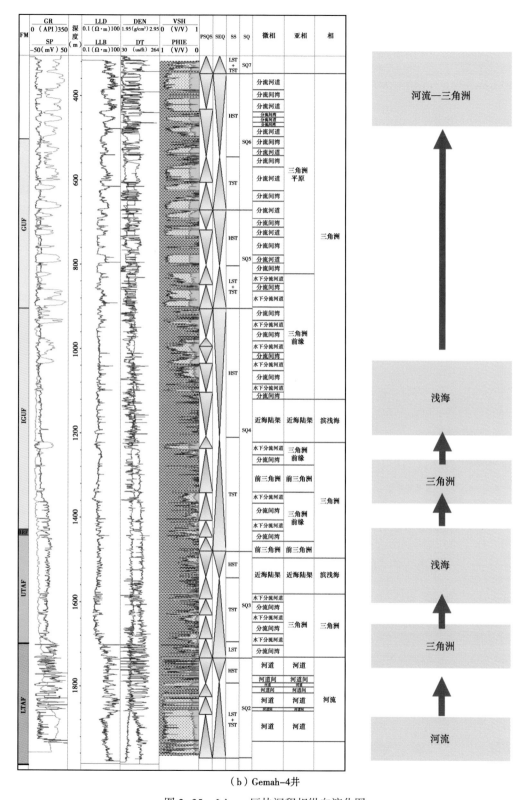

（b）Gemah-4井

图 2-25 Jabung 区块沉积相纵向演化图

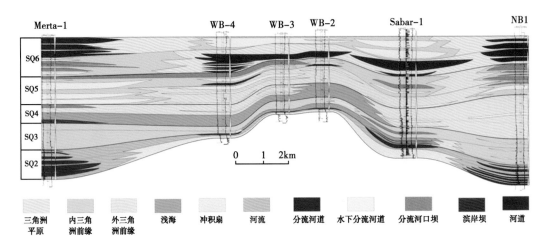

图 2-26　Jabung 区块沉积相对比剖面图（Merta-1 井—NB1 井）

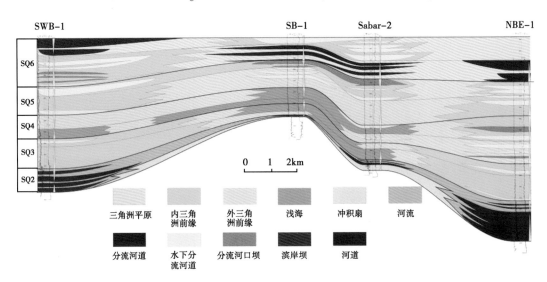

图 2-27　Jabung 区块沉积相对比剖面图（SWB-1 井—NBE1 井）

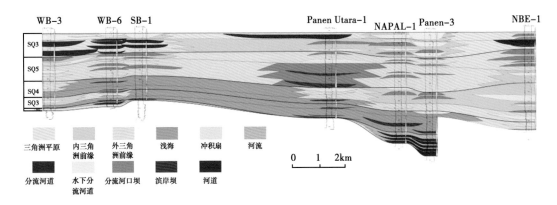

图 2-28　Jabung 区块沉积相对比剖面图（WB-3 井—NEB-1 井）

层序 SQ2 和 SQ3：相当于 Talang Akar 组下段和 Talang Akar 组上段，是盆地断坳转换期充填的地层，地区开始海侵，沉积范围扩大，但仍明显受古地形影响，在某些基岩凸起上缺失或很薄。层序 SQ2 以冲积—河流—三角洲沉积为主，早期充填在沉降的半地堑中，后期向大多数基岩凸起超覆（图 2-29）；层序 SQ3 过渡为河流—三角洲及边缘海沉积为主。在层序的顶部可见上超、削截现象，在凹陷靠近边界断层的陡岸附近，可见水下扇发育（图 2-30）。

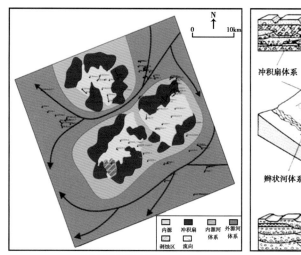
（a）沉积相分布图

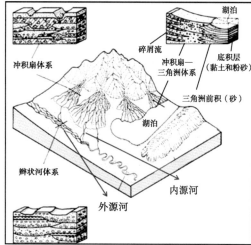
（b）沉积相模式图

图 2-29　SQ2 沉积相展布

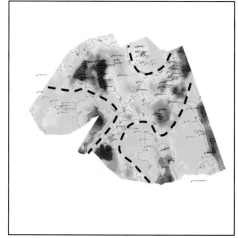
（a）地层厚度图

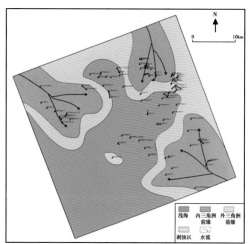
（b）沉积相分布图

图 2-30　SQ3 沉积相分布图

层序 SQ4：相当于 Batu Raja 组和 Intra-Gumai 组。海侵范围不断扩大，沉积了层序 SQ4 的 Batu Raja 组，该组为全区的填平补齐，层序的底界以大范围的浅海灰岩沉积为典型特征，在局部高地显示为上超、顶超特征，沉积厚度薄，有大量海绿石、黄铁矿出现

（图 2-31）。

（a）地层厚度图

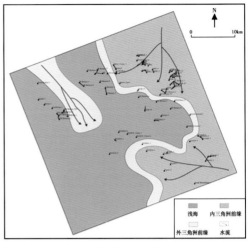
（b）沉积相分布图

图 2-31　SQ4 沉积相分布图

层序 SQ5：中期海侵达到最大，沉积了 Gumai 组下段的区域性深海灰岩、泥灰岩、泥岩及海相三角洲前缘席状砂（图 2-32）。

（a）地层厚度图

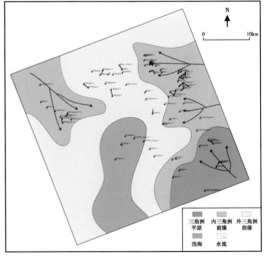
（b）沉积相分布图

图 2-32　SQ5 沉积相分布图

层序 SQ6：对应于盆地坳陷期晚期发育的 Gumai 组上段。为区域性隆升和挤压开始，海平面下降，盆地水体变浅，岸线后退，沉积物源供应充足，向盆地中心进积，岩性向上变粗。发育三角洲—河流相沉积，全区广覆分布，范围大，侧向厚度变化小（图 2-33）。

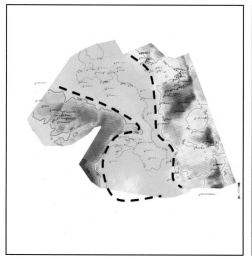

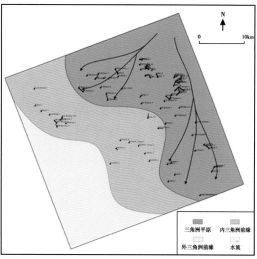

（a）地层厚度图　　　　　　　　　　　　（b）沉积相分布图

图 2-33　SQ6 沉积相分布图

第三章　Jabung 区块含油气系统特征

第一节　南苏门答腊盆地烃源岩特征

中 Palembang 坳陷是南苏门答腊盆地的主要生烃灶，Talang Akar 组上段的三角洲含煤页岩为该盆地的主要烃源岩，其他潜在的烃源岩发育于 Lahat 组和 Gumai 组下段。

Talang Akar 组的烃源岩富含 I 型腐泥型干酪根和 II 型干酪根，在地堑边缘钻遇到的 Talang Akar 组仅为质量较差的以生气为主的烃源岩；然而，在 Palembang 坳陷中部、Benakat 凹陷和 Jambi 坳陷内，滨海页岩和煤层都是质量好的烃源岩。例如，盆地北部的 SENY-1 井，在 Talang Akar 组上段总有机碳含量（TOC）变化较大，最高达 36%，烃指数（HI）的范围为 200~350mgHC/g；而在 Benakat 地区，TOC 值为 5%，HI 值范围为 110~400mgHC/g，而煤层的 HI 值为 400~470mgHC/g。

Todd（1997）认为，始新世到渐新世发育的 Lahat 组为湖相和滨海相成熟烃源岩，其 TOC 为 1%~3%，主要的沉积环境为浅湖相。在 Gunung Kemala 地区这些烃源岩生气，而大部分钻遇到 Lahat 组的井中，该层的烃源岩潜力不大，因此该层序作为重要的烃源岩有待进一步证实。

Gumai 组的海相页岩局部有生烃潜力，在盆地北部的一些井中，TOC 达到 8%，HI 达到 350mgHC/g。由于埋深较浅，该烃源岩没有成熟，但是在 Palembang 次盆和 Lematang 深部将是非常有效的烃源灶。尽管 Rashid 等（1998）研究认为在盆地南部的某些地区，石油来自海相的页岩，但是还没有充足的证据证明烃来自于 Gumai 组烃源岩。

南苏门答腊盆地的油样分析认为，该盆地的石油来源于以下分为三种类型干酪根：（1）陆相成因的 III 型干酪根；（2）湖相成因的 I 型干酪根；（3）混合类型的 II 型干酪根（图 3-1）。

一般而言，南苏门答腊盆地的东北缘生烃潜力变差：一方面是因为页岩相变为砂岩；另一方面是由于埋深变小，局部范围内由于火山碎屑岩含量增高而生烃潜力变低，Tebo 凹陷 Gumai 组的情况便是如此。

常规烃源岩分析表明，南苏门答腊盆地石油一般为蜡质油，且凝固点高。Kingston（1988）认为，Batu Raja 油藏中发现的天然气可能为来自于未成熟烃源岩的生物成因气，或少量来源于生油窗内的成熟烃源岩，而不像来源于过成熟的烃源岩。

Kingston（1988）认为该盆地的平均地温梯度为 4.9℃/100m 左右。其沉降速率为 128m/Ma，估计沉积物的热成熟顶面埋深为 1980m，而过成熟的沉积物顶面埋深为 3660m。

在岩浆岩侵入到离地表几千米的地区，烃源岩的成熟度更高，此种情况可能存在于 Lampung 和 Sukadana 凸起，但其分布范围不清楚。

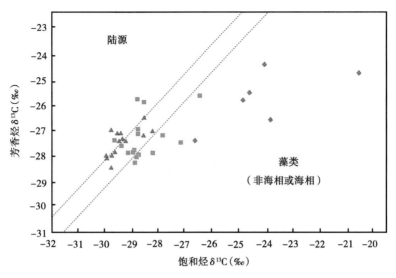

图 3-1 南苏门答腊盆地饱和烃及芳香烃碳同位素分布图

第二节 Jabung 区块烃源岩地球化学特征

一、烃源岩有机质演化特征

根据 T_{max} 与 HI 指数分布特征及根据样品的埋深（图 3-2），Jabung 区块在平均 2134m 的深度烃源岩已经进入了生油窗（0.7% R_o），埋深 1402~1615m 时，烃源岩进入低成熟阶段（0.5% R_o）。在 RI 油田埋深到 1920m 左右时进入生油窗（0.7% R_o），NBT-1 井进入生油的埋深为 2103m，NBT 油田进入生油窗的埋深在 2225~2255.5m。整个区块的中部在 2895~3383m 的深度，烃源岩进入生气阶段。但总体上，从东向西烃源岩的成熟度埋深逐渐增加，在东部 BERK 地区，埋深 1920m 时烃源岩进入生油窗，到西部 KA 地区的 KA-1 井则在 2530m 才进入生油窗（表 3-1）。在平均 3200m 的深度的烃源岩进入了生气窗（R_o =1.3%）。整个地区的干酪根类型以 III 型为主，体现出油源岩与气源岩的特征。

表 3-1 Jabung 区块烃源岩成熟度与埋深关系表

井名	0.5% R_o	0.7% R_o	1.0% R_o	1.3% R_o
	早成熟（m）	生油窗顶部（m）	生油窗峰值（m）	生气窗顶部（m）
KA-1	2012	2530	3231	>3658
SWBT-1	1859	2377	2926	3353
NBT-1	1524	2103	2713	3170
NEBT-1	1615	2225	2835	3322
NEBT-5	1615	2256	2896	3383

续表

井名	0.5%R_o	0.7%R_o	1.0%R_o	1.3%R_o
	早成熟（m）	生油窗顶部（m）	生油窗峰值（m）	生气窗顶部（m）
RI-1	1433	1920	2499	2926
RI-2	1402	1920	2469	2896
NG-1	1829	2530	3261	3658
NG-2	1615	2073	2560	2926
TI-1	1554	2103	2682	3170
BERK-1	1402	1920	2499	>2896

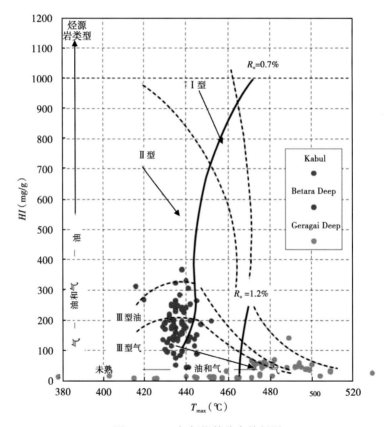

图3-2　T_{max}与氢指数分布特征图

二、烃源岩有机质丰度

图3-3为整个区块的生烃潜力（S_1+S_2）与总有机碳含量（TOC）关系。可以看出，样品主要分为两个区域（Ⅰ和Ⅱ）。其中，上新统—更新统的 Kasai 组烃源岩具有生气倾向；渐新统的 Talang Akar 组下段及 Talang Akar 组上段（部分）烃源岩具有生气倾向；中新统上部的 Muara Enim 组烃源岩分为两部分：一部分具有生气倾向；另一部分则属于非烃源岩。

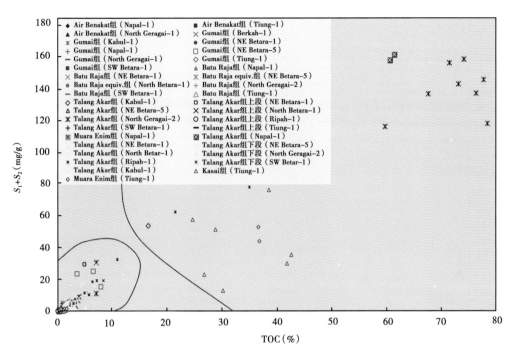

图 3-3 Jabung 区块烃源岩样品生烃潜力与有机碳含量关系图

图 3-4 是对图 3-2 中 II 区样品的解释。显然，Jabung 地区渐新统 Talang Akar 组为好—较好烃源岩；中新统下—中部的 Gumai 组为较好烃源岩（少部分），其余层位烃源岩评价为较差—差。

上新统—更新统的 Kasai 组 TOC 为 0.01%~0.68%，其中互层的含碳泥岩及褐煤的 TOC 值达到了 25%~43%，HI 值范围为 43~232mg/g，由于成熟度较低，显然该层应以生物气为主。

Muara Enim 组和 Air Benakat 组 TOC 为 0.2%~1.7%，互层的褐煤少见（TOC 为 36%~55%，HI 为 119~263mg/g）。对于 Air Benakat 组的 NG-1 井的生物标志物特征，表明沉积环境较为氧化，不同的生物标志化合物亦表现出 II—III 型干酪根的特征。

Gumai 组的 TOC<1.0%，只有个别井（NG-1 井、NG-2 井、TI-1 井）的 TOC 达到 1.0%~1.6%，在 NG-2 井 HI 达到了 406mg/g，生物标志物特征表明，处于较为还原的沉积环境，是好的油源岩。总体上从 T_{max} 值表征烃源岩处于未成熟-低成熟阶段，仅 NG-2 井的三个样品达到成熟，其 T_{max} 值达到了 440~444℃。

中新统下部的 Batu Raja 组 TOC 大部分低于 0.3%，仅 NG-2 井的烃源岩 TOC 值达到了 1.05%~1.06%，HI 为 189~235mg/g，T_{max} 为 446~447℃，烃源岩已达到成熟。

渐新统上部 Talang Akar 组上段的 TOC 为 0.1%~4.0%，HI 为 116~217mg/g，评价为差—好烃源岩。在 NG-2 井，含有丰富的碳质泥岩与煤，TOC 达到 78%，HI 达到 346mg/g，OI 极低，T_{max} 值亦非常高，为 450~458℃，处于生烃高峰—过成熟阶段（R_o 相当于 0.8%~1.2%），是良好的气源岩。生标特征表明，其干酪根类型属于 II—III 型。

渐新统 Talang Akar 组下段的 TOC 为 0.5%~6.0%，在 Geragai 凹陷的烃源岩大部分已

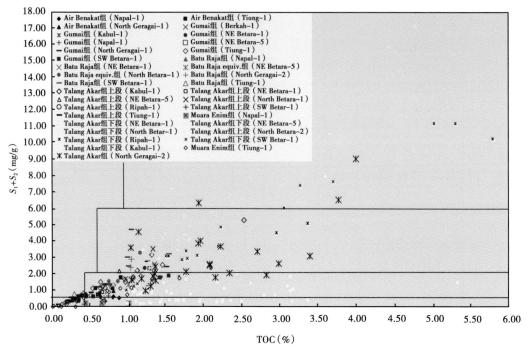

图 3-4 Jabung 区块部分烃源岩样品生烃潜力与有机碳含量关系图（Ⅱ区）

达到过成熟，T_{max} 主要为 440～554℃，S_1+S_2 小于 2，评价为较差烃源岩，KA 地区和 Betara 凹陷烃源岩属于好—较好，尤其是 KA-1 井，TOC 值达到 12%，在 SWBT-1，TOC 值达到 8.5%，其 T_{max} 值为 429～437℃，处于低成熟阶段；而 Betara 凹陷烃源岩样品 T_{max} 处于 433～452℃之间，已经成熟。另外，SWBT-1 井和 NG-1 井部分样品的 TOC 值和 S_1+S_2 值较高，属于气源岩。根据前人研究（Sugio，1996），一些样品干酪根类型为Ⅰ—Ⅱ。

总的来说，Geragai 凹陷的好—较好烃源岩主要是 Talang Akar 组上段，具有较强的气源岩特征，而 Gumai 组以及 Batu Raja 组的部分样品可以评价为较好烃源岩，Betara 凹陷和 KA 地区的好—较好烃源岩主要是渐新统 Talang Akar 组，Betara 凹陷的 Gumai 组以及 Batu Raja 组个别样品可以评价为较好烃源岩（表 3-2）。

表 3-2 烃源岩有机质丰度特征表

地层	KA 地区	Betara 凹陷	Geragai 凹陷
Gumai 组	较差	非—较差，仅个别属于较好烃源岩，分布在 NEBT-5	较好—较差，较好油源岩主要分布在 NG-1
Batu Raja 组	差	较好—较差，个别较好烃源岩分布在 NEBT-1	较好—较差，较好烃源岩主要分布在 NG-2
Talang Akar 组上段	较好—较差，较好烃源岩主要分布在 Kaubul-1	较差，极个别较好烃源岩分布在 NEBT-1	好—较差，较好的气源岩和油源岩主要分布在 NG-2，但已达到高成熟
Talang Akar 组下段	好—较差，属于气源岩与油源岩类型	好—较好	较差，属于气源岩与油源岩类型，在 NG-2，处于过成熟阶段

三、烃源岩地球化学特征

1. 烃源岩的生物标志物参数分布特征

主要选择了 6 口井的 15 个烃源岩参数（表 3-3）。显然，样品的姥鲛烷均大于植烷，并且 Pr/Ph 值变化较大，处于 2.55~6.58 之间。有研究表明，高的 Pr/Ph 值（>3.0）指示氧化条件下陆源有机质的输入。该地区样品 Pr/Ph 值均大于 3.0，总体体现的是一种氧化的沉积环境。

表 3-3 烃源岩生标参数特征表

序号	层位	井名	Pr/Ph	Ts/Tm	29H /30H	29M /29H	30M /30H	$C_{31}S$ /R	OI /30H	Gm 指数	H /Ster
1	Talang Akar 组下段	KA-1	6.58	0.18	0.87	0.12	0.22	1.49	0.13	5.12	7.97
2	Talang Akar 组下段	SWBT-1	5.56	0.16	0.85	0.19	0.23	1.56	0.21	4.97	8.32
3	Air Benakat 组	NG-1	2.55	0.63	0.69	0.27	0.16	1.13	0.26	3.59	4.40
4	Gumai 组	NG-1	3.73	0.13	0.80	0.43	0.38	1.65	0.35	0.98	6.06
5	Gumai 组	BERK-1	3.84	0.50	0.52	0.19	0.17	1.34	0.21	7.32	6.61
6	Gumai 组	NG-2	4.40	0.95	0.65	0.17	0.20	1.51	0.79	5.42	2.88
7	Talang Akar 组上段	NG-2	3.93	1.47	0.63	0.20	0.19	1.30	0.26	7.14	3.06
8	Talang Akar 组下段	NG-2	3.33	1.37	0.76	0.20	0.19	1.29	0.23	6.90	3.10
9	Gumai 组	NEBT-5	3.82	0.09	0.86	0.35	0.31	1.40	0.43	1.29	9.23
10	Talang Akar 组下段	NEBT-5	4.37	0.11	0.80	0.12	0.18	1.69	0.41	0.87	7.77

2. 烃源岩生物标志物组合特征

主要针对 9 个烃源岩样品的甾萜烷生物标志物特征进行了分析。在 Geragai 凹陷主要是对 BERK-1 井的 Gumai 组（1210~1213m）、NG-1 井的 Gumai 组（1210~1213m）和 Talang Akar 组下段（1740~1744m）共采集三个烃源岩样品。共同的特征是三环萜烷丰度极低，奥利烷丰度较高。Gumai 组样品 $\alpha\alpha\alpha20RC_{27}$、$C_{28}$、$C_{29}$ 甾烷呈"V"形分布，并且 $\alpha\alpha\alpha20RC_{27}<C_{29}$ 甾烷；Ts<Tm；而 Talang Akar 组下段 $\alpha\alpha\alpha20RC_{27}$、$C_{28}$、$C_{29}$ 甾烷呈反"L"形分布，并且 $\alpha\alpha\alpha20RC_{27}\ll C_{29}$ 甾烷，Ts≪Tm（图 3-5、图 3-6）。

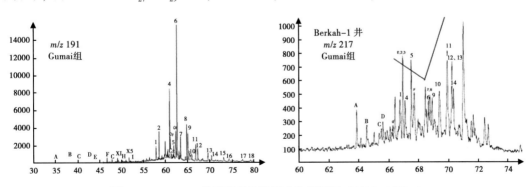

图 3-5 BERK-1 井甾萜烷生物标志物特征图（1210~1213m）

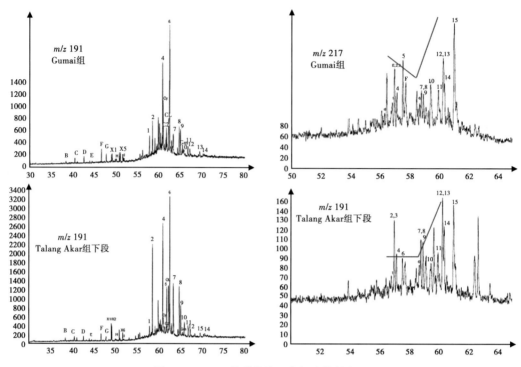

图 3-6　NG-1 井甾萜烷生物标志物特征图

在 NEBT-5 井共采集两个烃源岩样品，埋深分别为 1530.1~1536.2m 和 1920~1926m，为 Gumai 组下段。生物标志特征较为一致，三环萜烷丰度极低；奥利烷丰度较高；$\alpha\alpha\alpha20RC_{27}$、$C_{28}$、$C_{29}$甾烷呈上升分布，$\alpha\alpha\alpha20RC_{27}<C_{29}$甾烷；Ts≪Tm（图 3-7）。

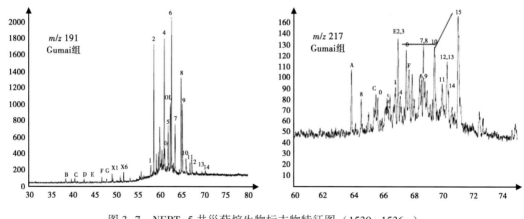

图 3-7　NEBT-5 井甾萜烷生物标志物特征图（1530~1536m）

在 KA 地区主要是对 SWBT-1 井（1594~1597m 和 1664.2~1667.3m）和 KA-1 井（1658.1~1661.2m 和 1786.1~1789.2m），共采集四个烃源岩样品，均为 Talang Akar 组下段。谱图特征较为一致，体现在三环萜烷丰度极低，奥利烷丰度较高，$\alpha\alpha\alpha20RC_{27}$、$C_{28}$、$C_{29}$甾烷呈反"L"形分布并且 $\alpha\alpha\alpha20RC_{27}<C_{29}$甾烷，Ts<Tm（图 3-8）。

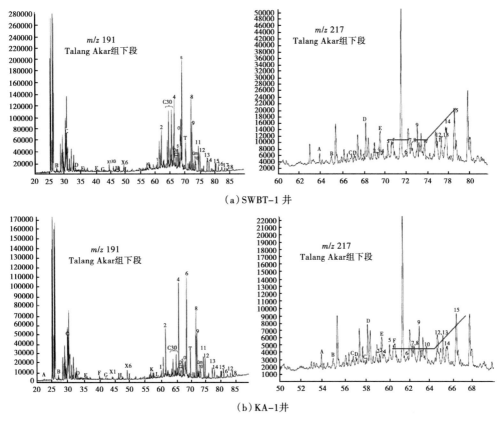

图 3-8　SWBT-1 井和 KA-1 井甾萜烷生物标志物特征图

总体看来，在 Jabung 地区烃源岩生物标志物谱图上奥利烷的特征显著，表明了强烈的高等植物生源输入特征；而伽马蜡烷丰度均较低，表明沉积时水体盐度较低，总体表现为湖相的成因环境。

四、生烃史分析

Betara 凹陷的埋藏史分析认为，该区一直处于构造沉降阶段，在 3Ma 左右时构造开始抬升。早中新世 Talang Akar 组下段烃源岩进入低成熟阶段；中新世中期，该组烃源岩进入成熟阶段；中新世晚期，进入高过成熟阶段；到上新世早期，Talang Akar 组下段烃源岩进入生气阶段。Talang Akar 组上段烃源岩在上新世进入低成熟阶段。Gumai 组底部在该区刚进入低成熟阶段。该区烃源岩埋深在 2804m 时进入成熟阶段（图 3-9）。

Geragai 凹陷的埋藏史分析认为，晚中新世及上新世分别有两个构造隆升期。中新世中期（约 18Ma），Lahat 组烃源岩开始生烃直至上新世初期进入生气阶段；Talang Akar 组下段开始生烃时间为中新世晚期，至今已进入生气阶段；Talang Akar 组上段开始生烃时间为中新世末期，至今仍在排烃；Batu Kaja 组开始生烃时间为上新世末期，但成熟度较低；Gumai 组底部在 Geragai 凹陷则刚进入低成熟阶段。

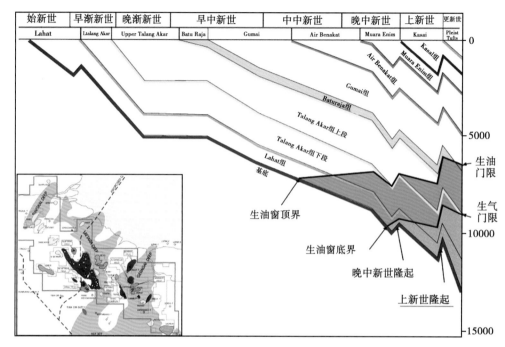

图 3-9 Jabung 区块地层埋藏史特征图（Geragai 凹陷）

第三节 Jabung 区块储层特征

利用 Jabung 区块的部分探井资料，对实际储层的测井响应特征和油气水特征进行了分析。

一、基岩组特征

WB、SB 地区基底为花岗岩，基底上部为花岗岩风化壳，风化壳普遍含油。风化壳表现为自然伽马高值，铀、钍、钾高值，三孔隙度曲线显示孔隙度中等，电阻率为中、低值。花岗岩基底特征为自然伽马高值，自然电位曲线平直，铀、钍、钾高值，声波曲线、密度曲线、中子曲线平缓，显示储层物性致密，电阻率为高值，深浅电阻曲线重合，显示基底无渗透性。SWB 地区基底为火成岩，风化壳不发育，基底特征为自然伽马高值，自然电位曲线平直，声波曲线、密度曲线、中子曲线显示基底物性较差，电阻率为中—高值（$20\sim50\Omega\cdot m$）。

二、Talang Akar 组下段特征

WB 和 SB 地区 Talang Akar 组下段砂岩物性变化大，横向分布不稳定，WB-3 井该组发育砂岩为高产油层。SWB 地区该组砂岩为主力油层。该组为砂泥岩互层，同时发育石灰岩和煤层。砂岩特征为自然伽马低值，铀、钍、钾低值，三孔隙度曲线显示孔隙度较好。石灰岩表现为自然伽马低值，较砂岩自然伽马值更低，密度为 $2.65\sim2.71g/cm^3$，计算孔隙度小于5%，铀、钍、钾低值。泥岩为高自然伽马值，低电阻率、高中子孔隙度、高声

波时差。煤岩表现为"三高一低"特征，即高电阻率、高中子孔隙度、高声波时差和低自然伽马值。

油层：地层电阻率大于5Ω·m，孔隙度大于15%，泥质含量小于30%，含油饱和度大于50%。

水层：地层电阻率小于5Ω·m，孔隙度大于15%，泥质含量小于30%，含油饱和度小于40%。

图3-10是SWB地区的SWB-2井解释实例。该井在1620.9~1624.6m、1626.4~1629.5m井段自然电位副异常，电阻率分别为9Ω·m和21Ω·m，孔隙度约为25%，计算的含油饱和度为70%~75%，符合Talang Akar组下段油层标准。在1620.9~1624.6m、1626.4~1629.5m段试油，获得了日产气2.38万m³和2.2万m³，日产油161.86t和226.49t。

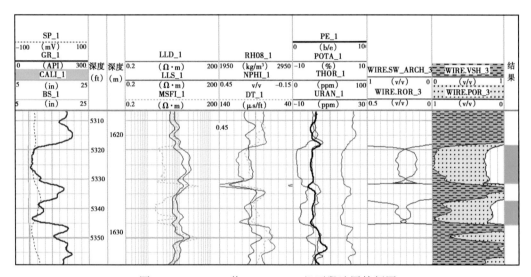

图3-10 SWB-2井Talang Akar组下段油层特征图

三、Talang Akar 组上段特征

该段为Jabung区块的主力含气层，为砂泥岩互层，泥岩自然伽马基值比其上覆地层稍高，三电阻率曲线值低，一般在2Ω·m左右，且相互重合。砂岩自然伽马低值，自然电位负异常，气层中子曲线和密度曲线出现明显交会现象，电阻率大于4Ω·m。

油气层：地层电阻率大于5Ω·m，孔隙度大于15%，泥质含量小于30%，含油饱和度大于50%，气层中子曲线和密度曲线交会明显。

水层：地层电阻率小于5Ω·m，孔隙度大于15%，泥质含量小于30%，含油饱和度小于40%。

图3-11是WB地区的WB-3井Talang Akar组上段解释实例。该井1426.5~1431m井段自然电位正异常，电阻率可以达到15Ω·m，孔隙度达到21%，计算的含油饱和度为80%左右，中子曲线、密度曲线出现明显交会，测井解释为气层。在1427.7~1430.7m试油，获得了日产气18.57万m³，日产油48.1t，其API为67°，为凝析油。

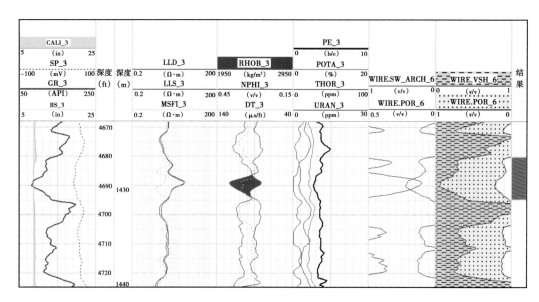

图 3-11　WB-3 井 Talang Akar 组上段气层特征图

四、Batu Raja 组特征

Batu Raja 组地层厚度较薄，为石灰岩夹砂泥岩互层，砂岩自然伽马为低值，物性较 Gumai 组变差，测井曲线计算孔隙度约为 10%～15%。石灰岩表现为低自然伽马、低密度、低中子、低声波时差、中高电阻率。

五、Gumai 组特征

Gumai 组以厚层块状砂岩和砂、泥岩互层为主，砂岩特征为：自然伽马低值（绝对值小于 100API)，中低自然电位正异常，中低电阻率（2～20Ω·m），不同径向探测深度的电阻率间幅度差较大，说明储层渗透性较好，中低密度、中高声波时差、中高中子孔隙度，计算孔隙度为 20%～30%，纯砂岩水层电阻率小于 2Ω·m，气层电阻率大于 4Ω·m。泥岩表现为高自然伽马、低密度值、高中子孔隙度、高声波时差，三电阻率曲线值低，一般在 2Ω·m 左右，且相互重合，为良好的盖层。

油气层：地层电阻率大于 4Ω·m，孔隙度大于 13%，泥质含量小于 30%，含油饱和度大于 50%，气层中子曲线和密度曲线交会明显。

水层：地层电阻率小于 4Ω·m，孔隙度大于 13%，泥质含量小于 30%，含油饱和度小于 40%。

图 3-12 是 WBT 地区的 WBT-2 井 Gumai 组解释实例。该井 1352.7～1355.1m 井段自然电位正异常，电阻率可以达到 6Ω·m，孔隙度为 15%～20%，计算的含油饱和度为 65% 左右，明显符合 Gumai 组油气层标准。在 1352.7～1355.1m 段试油，获得了日产气 3.73 万 m^3。

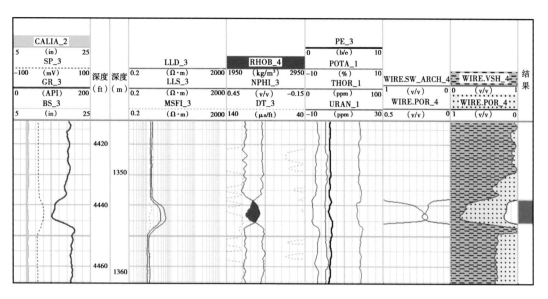

图 3-12　WB-2 井 Gumai 组气层特征图

第四节　盖 层 特 征

南苏门答腊盆地的盖层总体而言是比较发育的，每一个构造演化阶段均发育砂泥互层型地层，储盖配置较好。

上渐新—下中新统（Talang Akar 组）：泥页岩夹层比较发育，可作为 Talang Akar 组储层的局部盖层。尤其是 Talang Akar 组上段海侵范围扩大，泥页岩更发育。

下中新统（Batu Raja 组）：以泥页岩和碳酸盐岩为主，泥页岩可成为碳酸盐岩储层的良好盖层。

下—中中新统（Gumai 组）：泥页岩非常发育，尤其是中部最大水泛面时期沉积的泥页岩，成为全盆地的区域性盖层。

中—上中新统（Air Benakat 组）：泥页岩夹层，可作为 Air Benakat 组储层的准区域性组内盖层。

利用测井方法研究泥质岩盖层，并通过测井数字处理所计算的泥岩层参数评价泥质岩盖层的封闭性能，是一种简便易行的方法。

不同的研究方法对盖层分类常有不同的标准。测井盖层研究分类是根据测井计算的总孔隙度（ϕ_t）、有效孔隙度（ϕ_e）、厚度（H）、突破压力（p_A）和欠压实异常等参数进行综合分类定级的。

这五个参数中，厚度（H）和欠压实异常是盖层研究中两个独立的评价参数，其他三个参数是互有影响互有牵连的参数，特别是突破压力 p_A 参数，它与总孔隙度（ϕ_t）、有效孔隙度（ϕ_e）均有关联，因此突破压力是泥岩盖层分类标准的核心参数。根据经验建立的泥岩盖层分类标准如表 3-4 所示。

表 3-4　泥岩盖层分类标准表

分类	$p_A>10MPa$			$1MPa<p_A\leq10MPa$			$0.1MPa<p_A\leq1MPa$			$p_A\leq0.1MPa$
	一类盖层			二类盖层			三类盖层			假盖层
亚类	上	中	下	上	中	下	上	中	下	
H（m）	>5	2~5	<2	>5	2~5	<2	>5	2~5	<2	
属性	气盖层			油盖层			稠油盖层			假盖层

南苏门答腊盆地泥岩分布较广、厚度较大。纵向上，Intra Gumai 组和 Talang Akar 组上段泥岩累计厚度较大，且紧邻主要目的层，因此是最主要的盖层。通过对 Jabung 区块 WBT-3 井泥岩盖层的评价，可初步了解该套盖层的质量。WBT-3 井泥岩盖层测井评价参数如表 3-5 所示。

表 3-5　WBT-3 井泥岩盖层测井评价参数表

层位	井段（m）	泥岩总厚度（m）	占地层厚度百分数（%）	泥岩盖层突破压力（MPa）	封盖层级别	压实情况
Intra Gumai 组	1168.9~1238.4	69.5	29.5	2~20	Ⅱ—Ⅰ	正常
	1246.6~1296.9	50.3	21.3	3~20	Ⅱ—Ⅰ	欠压实
	1306.1~1328.0	21.9	9.3	3~20	Ⅰ—Ⅱ	欠压实
Talang Akar 组上段	1349.0~1418.8	46.9	27.6	7~20	Ⅰ—Ⅱ	欠压实
	1446.9~1520.3	53.6	31.5	2~20	Ⅱ—Ⅰ	欠压实

Intra Gumai 组为砂泥岩互层，泥岩层较厚，泥岩压实程度相对较高，盖层以毛细管力封闭作用为主（图 3-13），级别为二类，局部可达一类。另外从泥岩声波时差与井深关系

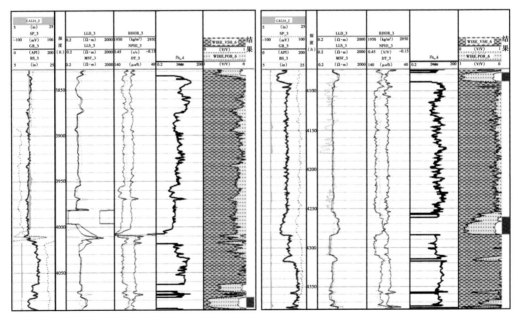

图 3-13　WBT-3 井 Intra Gumai 组泥岩盖层评价综合图

图看（图 3-14），该井存在泥岩欠压实现象，说明该井段泥岩盖层具毛细管力封闭与异常压力封闭双重作用，对储层流体有较好的纵向封闭能力。

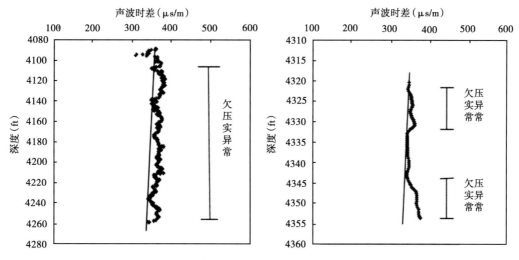

图 3-14　WBT-3 井 IntraGumai 层泥岩声波时差与埋深关系图

Talang Akar 组上段为砂泥岩互层，泥岩厚度较 Intra Gumai 组变薄，但泥岩压实程度高，盖层以毛细管力封闭作用为主（图 3-15），级别为一类至二类。从泥岩声波时差与井深关系图看（图 3-16），该井存在泥岩欠压实现象，该井段泥岩盖层具毛细管力封闭与异常压力封闭双重作用，对储层流体有较好的纵向封闭能力。泥岩盖层级别可达一类。

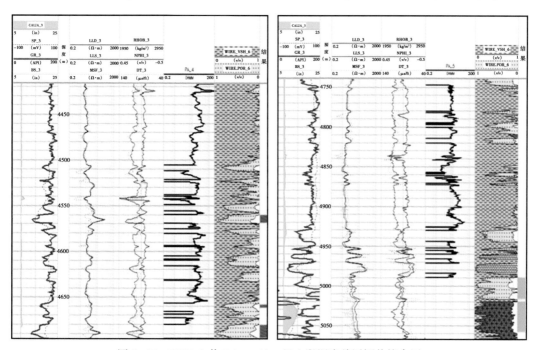

图 3-15　WBT-3 井 Talang Akar 组上段泥岩盖层评价综合图

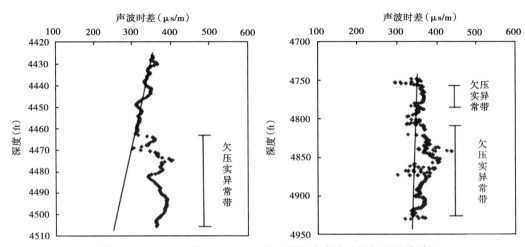

图 3-16　WBT-3 井 Talang Akar 组上段泥岩声波时差与埋深关系图

第五节　含油气系统划分及评价

南苏门答腊盆地经历了古近纪同生裂谷到新近纪后裂谷坳陷期的地质演化史，沉积演化也经历了由陆相到海相的转变，因此形成了多套不同类型的烃源岩。可以生烃的有效烃源岩包括五套，由下到上分别为：Lahat 组、Talang Akar 组下段、Talang Akar 组上段、Batu Raja 组和 Gumai 组下部。其中 Lahat 组为湖相沉积环境发育的泥岩，Talang Akar 组下段和 Talang Akar 组上段为海侵三角洲相的煤系泥岩，为主要烃源岩；Batu Raja 组和 Gumai 组下部则为浅海沉积环境发育的泥岩，生烃能力有限。由于凹陷的继承性发育，导致多套源岩在纵向上的连续叠合发育。因此，对应形成的多个含油气系统也是叠合发育的，它们在平面上的分布范围很难明确界定。这也可以由 Jabung 区块多个油气藏中油气性质表现为明显的混源特征而证明。总体来讲，南苏门答腊盆地含油气系统主要有两个：以生油为主的早中裂谷期含油气系统，烃源岩为湖相泥岩，主要时间为始新世—早渐新世；以生油或气为主的晚裂谷期到早坳陷期的海侵三角洲含油气系统，烃源岩为三角洲含煤页岩，主要形成时间为渐新世—早中新世。

古近系 Talang Akar 组为主要储层，包含被河滩、分流间湾和浅海泥岩包围的河道砂、点沙坝和沙滩砂，局部地区，则由 Gumai 组下部地层构成半区域性盖层。Talang Akar 组生成的烃可以聚集在所有储层中，从其上覆的 Batu Raja 石灰岩，到 Gumai 组石灰岩和砂岩，再到浅层的 Air Benakat 和 Muara Enim 组砂岩。近年来，随着 Bung 和 Sumpal 气田的发现，裂缝型基岩储层逐步引起人们的关注，侏罗系—白垩系基岩储层包括花岗岩、花岗闪长岩、石英岩、千枚岩和灰岩。

由于新生界总体以泥岩沉积为主，所以盖层条件较好，主要以半区域性和局部泥岩、页岩层为主。

盆地圈闭类型很多，包括构造型和地层型，从单一的砂岩尖灭、礁体及碳酸盐岩建隆（Batu Raja 组），到复杂断块和与反转断层有关的褶皱背斜。近地表的构造形成与上新世—更新世走滑断层有关，而深部的地层型圈闭则是在上新世前的构造作用下形成。

　　由于盆地地温梯度高，平均地温梯度 4.8℃/100m，烃源岩演化程度高，天然气资源丰富。Lahat 和 Talang Akar 组下段烃源岩在中中新世进入生油高峰，在晚中新世—上新世进入生气高峰。晚中新世—上新世分别有两个构造隆升期：早期潜山和礁体等地层型圈闭与第一关键时刻配置良好；上新世主要的构造圈闭形成略晚于烃源岩的大量生排烃期（图 3-17），匹配条件略差，造成部分油气的散失。

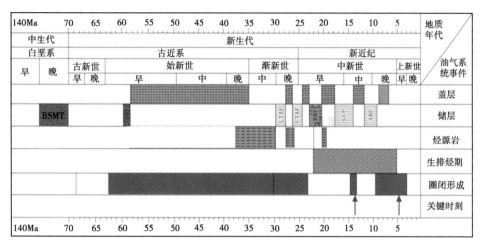

图 3-17　南苏门答腊盆地含油气系统事件图

　　由于烃源岩凹陷的叠合发育，导致生烃凹陷控制油气藏分布的特征明显，油气主要是短距离侧向运移和沿断裂向上的运移，油气藏分布局限于凹陷内部和凹陷周围的隆起部位（图 3-18）。

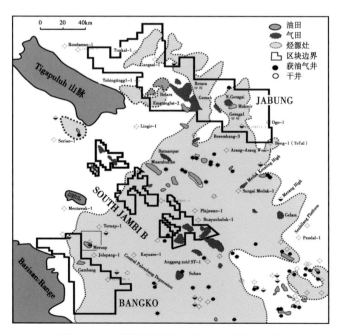

图 3-18　南苏门答腊盆地含油气系统分布图

由于高地温的影响（地温梯度约为 4.5~5.5℃/100m），导致生烃门限浅，烃源岩成熟度高，因此凝析油和天然气资源丰富。断层是油气富集的重要因素，正是由于晚期盆地反转期断层的重新活动及发育，将浅部储层与深部油源沟通，才形成了油气在浅层及周缘隆起带的聚集（图 3-19）。

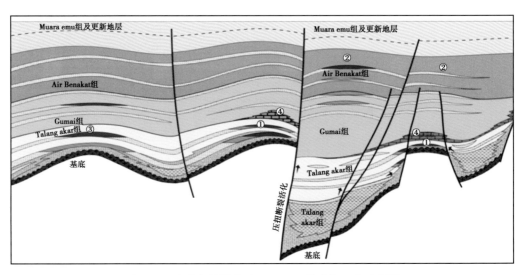

图 3-19　南苏门答腊盆地 Jabung 区块油气运移示意图

第四章 成藏组合评价技术

第一节 成藏组合定义及划分

一、成藏组合的概念

油气聚集带最早出现在原苏联石油地质文献中。所谓油气聚集带系指与大构造单元（斜坡带或与其相当级别的构造单元）联系在一起的油气田（带）群。在油气聚集带内的各油气田具有相似的地质构造特征和油气藏形成条件。欧美学者常用"油气藏（田）趋向带"来描述油气的聚集规律。油气趋向带一般是指某一含油气层位中油气藏分布趋向一致或基本一致的油气藏带，如滨岸线油气藏带、礁型油气藏带、条带状油气藏带、河道砂油气藏带等。油气藏趋向带侧重于表示地层型油气聚集带。

自 20 世纪 70 年代末开始，随着勘探难度增大，勘探成本和勘探风险增加，为了满足地区性近期勘探部署规划的需要，西方石油公司提出并开始广泛应用"成藏组合（play）"这一新的概念。自这一概念提出以后，在勘探和油气资源评价中得到广泛应用。

1. 成藏组合的概念

White（1980）根据世界上 80 个盆地 200 个"相旋回楔状体"中 2000 个主要油气田所在的 100 个以上地层剖面的系统分析基础结果，首先提出"成藏组合"的概念。将其定义为一组在地质上相互联系且具有类似烃源岩、储层和圈闭条件的勘探对象。

Miller（1982）将其称为 exploration play，指综合勘探方案得以建立的有实际意义的规划单元，具有地理和地层的限制，常限于一组在岩性、沉积环境及构造发育史上密切相关的地层。

Parsley（1983）认为，成藏组合是综合创造了油气聚集必要条件的石油地质环境，每个成藏组合可以包含若干个已发现的油气田或远景圈闭。

Crovelli（1986，1987）将成藏组合看成具有相似地质背景的远景圈闭的集合体。

Shannon 和 Naylor（1989）指出，成藏组合是特定地区的一组油气藏和远景圈闭。

Podruaski（1987）和 Lee 等（1990）认为，成藏组合由一系列远景圈闭和/或已发现的油气藏组成，它们具有共同的油气生成、运移史和共同的储层发育史和圈闭类型，因此构成了一个局限于特定区域的自然地质总体。

Allen 和 Allen（1990）认为，成藏组合实际上是勘探家对一系列地质因素包括储层、盖层、油气的充注、圈闭以及上述因素在时间匹配上的有效性——如何结合起来在一个盆地的特定地层段内形成油气聚集的模式或概念。因此，进一步定义为一组未经钻探具有共同的储层、区域盖层和石油充注系统的远景圈闭和未发现的油气藏。

Robert（1997）在研究成藏组合时，不仅重视地质因素还重视工程因素。他认为成藏组合是含油气系统的基本组成部分，由一个共同的地质特征——储层、圈闭、盖层、时间匹配和运移，共同的工程特征——位置、环境、流体和流动性质相结合。每个成藏组合具有统一的地质和工程性质，能作为经济评价的基础。

张永刚等（2006）在中国东部陆相断陷盆地油气勘探实践中，提出成藏组合体的概念。将其定义为陆相含油气盆地中由输导体系及其相关的有效烃源岩、储层、盖层和圈闭组成的三维地质单元。它包含盆地中油气成藏和保存的一切作用、过程。

童晓光把一套具有共同成藏条件的层序称为成藏组合，并把它作为商业性勘探评价的基本单元。

根据前人的研究基础，本书把成藏组合定义为：由一组构造演化阶段相同、沉积环境相似、具有相同或相似储盖条件的地层构成的有效聚油单元。该成藏组合的概念专指纵向上的组合。平面上则按成藏带进行分类，成藏带是指在同一成藏组合内，由一系列成因上有关联的具有相近或相似成藏条件的已发现油气藏和圈闭构成的集合体。

2. 油气成藏组合与区带在概念上的差别

据成藏组合的定义其基本特征是某一地层段内的生、储、盖、圈的静态关系以及上述要素形成时间上的匹配和油气运移相结合的组合。每个成藏组合一般对应一个油源层，在特殊的情况下可以有几个油源层但必须是一个储集层段；反之一个油源层也可能形成几种成藏组合。

以哈萨克斯坦的北乌斯秋尔特盆地为例。这个盆地有两个含油气系统，即侏罗系含油气系统和上古生界含油气系统。其中上古生界含油气系统有一个成藏组合，即石炭系成藏组合；侏罗系含油气系统有三个成藏组合，即侏罗系成藏组合、白垩系成藏组合、始新统成藏组合。

石炭系成藏组合由维宪期的环礁碳酸盐岩构成储层，储层物性有变化，由同时代的和上覆的泥灰岩及致密灰岩所封堵背斜和地层圈闭。上泥盆统—下二叠统火山碎屑岩和碳酸盐岩含有大量有机质和沥青，是可能的生油岩。

侏罗系成藏组合，可以分为下、中、上侏罗统三个次级成藏组合。储层都是陆源碎屑岩，由同时代和上覆的页岩封堵，圈闭以背斜为主，砂岩透镜体、局部不整合也可形成岩性地层圈闭。油源层为侏罗系内的生油岩。

白垩系成藏组合，下白垩统构造—地层成藏组合，储层为陆源碎屑岩，为层间页岩和区域性海相黏土层所封闭。圈闭为背斜结合侧向相变和沉积尖灭，通常位于侏罗系不整合面之上。白垩系生油岩不成熟，油源来自侏罗系生油岩。

始新统成藏组合，储层为陆源碎屑岩，被渐新统页岩封堵。圈闭主要为背斜，带有储层侧向变化，仅发现天然气。始新统内未发现生油层，气源自下伏烃源岩层的垂向运移。这个盆地也可以划分为若干次级构造单元，包括凸起、凹陷、阶地，但都没有作为成藏组合划分的标准，而是把层序作为划分成藏组合的主要依据。在成藏组合之下再划分次级成藏组合，可以将层序进一步划分，也可以依据其他因素，如圈闭类型等。

区带是指一个盆地（或坳陷）根据构造特征，在平面上可以划分为若干个区带。如渤海湾盆地每一个典型的坳陷，均可划分为陡坡带、中央凹陷带、缓坡带。在许多情况下中央凹陷带又被断层复杂化，发育潜山背斜带或挤压背斜带。实际上每个成藏组合有可能在各个构造带分布，而每个构造带也可能有多个成藏组合。

用地层不整合潜山油气藏为主体的复式油气聚集带为例来说明成藏组合与区带的差别是最清楚不过了。中国许多地质家都提出过渤海湾盆地潜山披覆背斜带的油气藏分布模式，基本模式是一致的(图4-1)。概括地讲有四种油气藏的组合或叠合：(1) 元古宇—下古生界的潜山油气藏；(2) 潜山侧翼的古近系超覆油气藏；(3) 古近系披覆背斜-断块油气藏；(4) 新近系披覆背斜-断块油气藏。从成藏组合的概念来讲实际上是四个成藏组合。因此成藏组合与区带是两种不同的油气聚集规律的研究方法。

油气聚集带的研究方法和划分在渤海湾盆地的应用是十分成功的。构造分区性十分明显的盆地，油气的聚集与构造带及圈闭类型的关系非常密切。区带也是各层系油气藏的富集部位。以区带为单元进行勘探也为多层勘探创造了条件，特别是地震勘探技术还不能在钻前进行精确圈闭描述的情况下更是如此。

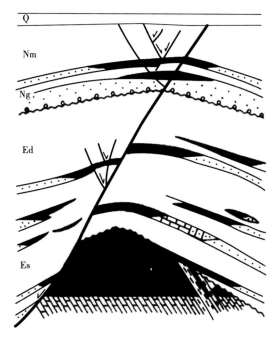

图4-1　渤海湾盆地潜山披覆构造带的油气分布模式图 (据李德生，1981)

但是必须看到构造因素仅仅是油气分布控制因素之一，甚至不是主导因素，即使在渤海湾盆地油气分布并非完全与构造带一致。因此，难以确切划出油气聚集带的边界。童晓光 (1983) 在探讨渤海湾盆地油气分布规律时曾经指出，油气聚集带并非油气聚集的基本单元，而凹陷才是油气聚集的基本单元。

以区带作为勘探地质评价的第三级单元与成藏组合相比其缺点在于：(1) 对每个层序的成藏组合本身的研究往往不够深入；(2) 许多盆地的圈闭发育并没有明显的成带性；(3) 难以开展定量的资源评价和风险评价。

3. 油气成藏组合与含油气系统的关系

在含油气区内进行油气勘探是要找出何处有尚未被发现的商业性石油并确定相关的风险。为了客观地确定风险，应该清楚地区分已知什么、未知什么。然而，当成藏组合概念包括已知和未知两种情况时，勘探家在与管理部门讨论风险时可能总是不能清楚地区分这两类信息。相反，如果含油气系统概念只用于介绍已知的，那么，成藏组合概念可用于介绍未知的。因此以这种方式所使用的成藏组合概念便是含油气系统概念的补充。同样，含油气系统概念便成为建立"成藏组合"的重要前提。

"风险"一词在勘探领域有多种解释，但确定它的主要目的是来计量和详细说明影响发现商业油气藏概率的所有因素。"成藏组合"一词同样有各种不同的解释，但它的根本目的是帮助寻找有利可图的尚未发现的油气藏。

油气成藏组合和远景圈闭是勘探家用来提出地质论据以说明钻探尚未发现商业性油气

藏理由的一种概念。由于在石油勘探中地质家以多种不同的方式使用这两种概念，所以在文献中有关"成藏组合"和"远景圈闭"的定义繁多。一般为一个或多个地质上相关联的远景圈闭，而"远景圈闭"是无论它是否含有商业性石油，都必须要由钻井来评价的一种潜在圈闭。无论钻探成功与否，远景圈闭这一概念便不存在了。

远景圈闭与可能包括油气田的成藏组合在地质上的联系方式，由勘探家定义。例如，如果一个远景圈闭位于三个背斜圈闭油藏附近，那么，用地质学、地球物理学和地球化学可能证明该远景圈闭是一个充填油的背斜圈闭。在这个例子中，成藏组合应包括三个油田和远景圈闭。因为这个成藏组合是以圈闭类型为基础，所以同一含油气区内属于地层圈闭的其他油田将被排除在这一名称之外。其他类型的成藏组合可能要求相同的地层层段或沉积背景，如碳酸盐岩礁。根据勘探家的目的，以这种方式定义的成藏组合概念可能有某种程度的地质相关性。

以这种方式定义的成藏组合概念将已发现的油气藏用作确定尚未发现油气藏的勘探风险的依据。概括地讲，风险评价包括三个独立的变量：有石油充注、存在合适的圈闭、充注之前圈闭的形成。这些变量全是独立的，因为各自有不同的属性而且独立存在。

各个独立变量都同等重要，因为如果它们中的任何一个不存在（为0），那么，成藏组合中的远景圈闭就不成立；如果三个变量都存在（为1），那么该远景圈闭就是商业上成功的。然而，各个独立变量被评价的尺度可能为0~1，例如，圈闭存在的概率可能是0.5。勘探风险由这三个独立变量相乘来确定。

二、成藏组合划分原则

正确的圈定成藏组合的范围是进行成藏组合地质评价、经济评价和风险分析的关键。成藏组合的圈定就是把具有相同圈闭类型、相同储层类型并具有相同油源的一组远景圈闭包括在一起。它们具有某些与油气产状有关的共同风险。为了实用起见，大面积的地质成藏组合可沿任意线分割成多块分别评价，如沿着租地区块、国际边界或水深等深线。

1. 平面上根据构造背景划分成藏组合

在单旋回盆地中，一套主力烃源岩形成单源含油气系统时，构造带往往控制了油气田的空间展布。因此，有的学者根据构造带来划分油气成藏组合或成藏组合群（play fairway）。Mancini等（1991）根据盆地的位置、与区域构造特征的关系以及典型的油气圈闭，将东海岸平原的上侏罗统牛津阶Smackover组划分为五个成藏组合：（1）基底隆起亚成藏组合，它是区域边缘断层带的上倾地区，侏罗系Louann盐减薄或缺失，构造形成于前侏罗系基岩之上；（2）区域边缘断层带成藏组合，是Louann盐的上倾边缘，构造以与盐有关的构造为特征；（3）Mississippi内盐盆成藏组合，位于Gilbertown断层系统的下倾地区；（4）Mobile地堑系成藏组合，位于Mississippi内沿盆地的东边缘分布；（5）Wiggins隆起复合成藏组合，位于盆地下倾方向。Chow等（1991）根据地球化学、地震和井资料，将台湾海峡的Nanjihtao盆地周围划分出四类成藏组合：（1）北平湖隆起的正断层成藏组合；（2）西Hsinchu盆地与破坏性斜坡扇有关的正断层成藏组合；（3）西南Nanjihtao盆地古新统角度不整合成藏组合；（4）Nanjihtao盆地内的碎屑岩楔状体和丘状体成藏组合。Dou（1997）根据构造特征将二连盆地每个断陷划分为陡坡带、中央挠曲带和缓坡带（图4-2）。

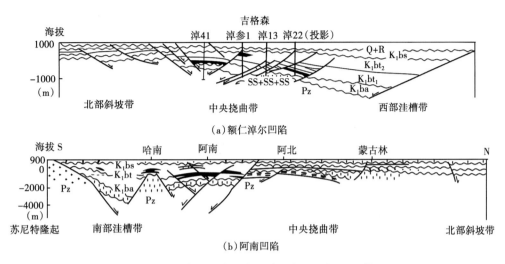

图 4-2　二连盆地断陷成藏组合划分示意图（据 Dou 等，1997）

2. 垂向上根据储层时代划分成藏组合

Glennie（1998）在研究北海盆地时划分含油区和含气区。含油区的油源主要为中、上侏罗统—下白垩统海相泥岩，其生成的油气聚集在泥盆系—渐新统中。根据其储层时代和构造演化把侏罗系超含油气系统划分为前裂谷期、同裂谷期和后裂谷期六个成藏组合：三叠系—古生界、中—下侏罗统、上侏罗统、下白垩统、上白垩统、古近系（图 4-3、图 4-4）。含

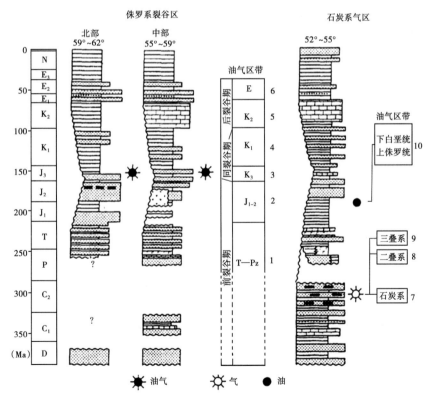

图 4-3　北海及其邻区据生储盖组合划分的油气成藏组合图（据 Glennie，1998）

油气系统气源为石炭系的含煤地层，气田主要分布在东西向的构造中。根据天然气分布的储集层时代和地区进一步把石炭系含气系统划分为石炭系、二叠系、三叠系、上侏罗统—下白垩统四个成藏组合。

图4-4 北海油气成藏组合平面分布图（据Glennie，1998）

三、成藏组合划分结果

南苏门答腊盆地成藏组合的划分是在构造演化的背景上，以层序划分为基础，以储盖组合和已有油气藏的特征为依据，将南苏门答腊盆地成藏组合分为八个成藏组合（图4-5）。

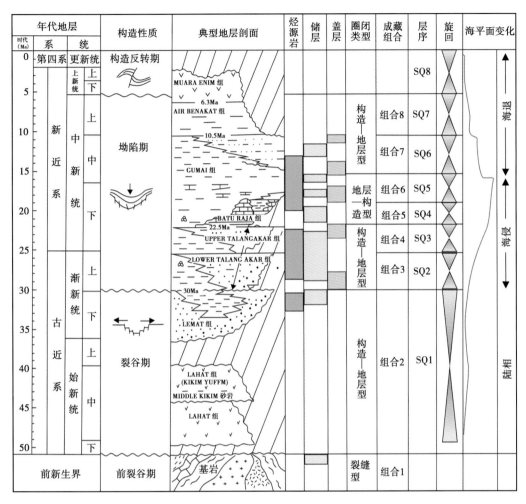

图 4-5　南苏门答腊盆地油气成藏组合图

前裂谷期：发育前新生界基岩成藏组合。

裂谷期：发育古近系 Lahat 组成藏组合、Talang Akar 组下段成藏组合和 Talang Akar 组上段成藏组合。

坳陷期：发育新近系 Batu Raja 组成藏组合、Gumai 组下部成藏组合、Gumai 组上部成藏组合、Air Benakat 组成藏组合。

从全盆地已发现储量统计结果看，Talang Akar 组成藏组合发现储量最多，其次为 Batu Raja 组组合。Talang Akar 组和 Gumai 组成藏组合油气相当，Lahat 组组合、Muara Anim 组组合和 Air Benakat 组组合以油为主，基底和 Batu Raja 组组合以气为主。

总体来讲，不同演化期成藏组合具有显著不同的成藏特征，同一演化期内不同的组合既有共性，又有差异。经过系统的分析研究，将每套组合的沉积特征、构造特征以及油藏实例总结如图 4-6 所示。

构造演化	成藏组合	沉积环境	圈闭类型	圈闭实例	油田实例
坳陷发育期（后裂谷期）	Air Benakat组组合	河流—洪泛平原	反转背斜、断背斜	N.Geragai、Makmur	Makmut
			继承性背斜、断背斜	Subur、Berkah、Harja、Tiung	
	Gumai组上部组合	河流—三角洲—滨浅海	反转背斜、断背斜	Carmabang、Siter	Gambang
			继承性背斜、断背斜	Suling、Makmur	Makmur
			再活动型基底隆起	W.Piano	W.Piano
	Gumai组下部组合	浅海	反转背斜、断背斜	N.Garagai	
			继承性背斜、断背斜	W.Betara、S.Betara	S.Betara
			岩性类（低位楔）	PIJO3-41	
	Batu Raja组组合	浅海	礁、碳酸盐岩建隆	Geringin、Musi、87JS-19	
			背斜、断背斜	W.Betara、S.Betara	W.Betara
裂谷发育期（同裂谷期）	Talang Akar组上段组合	三角洲—浅海	背斜、断背斜	W.Betara、S.Betara、Kajen、Sarinah	W.Betara、S.Betara
			地层岩性类		
	Talang Akar组下段组合	河流—三角洲—湖泊	背斜、断背斜	NE.Betara、N.Betara、Gemah、Ripah	Ne.Betara、Gemah
			地层岩性类（下切河道砂）	PIJ02-318、90Sr-19、154B	
	Lahat组组合	冲积扇—河流—三角洲—湖泊	断块/断鼻、背斜	Puyuh	Puyuh
			地层岩性类（下切河道砂）	PIJ02-311	
前裂谷期	基岩组合		潜山型圈闭	Hari、Bungin、Rayun、Bungkal	Hari、Bungin

图4-6 南苏门答腊盆地成藏组合特征图

第二节　成藏组合特征

一、前裂谷期成藏组合特征

前裂谷期仅发育成藏组合1，即基岩成藏组合。

该组合是指由前新生界基岩储层形成的含油气组合，主要由低孔隙度（小于10%）和低渗透率的花岗岩、变质岩组成，原岩为页岩、粉砂岩、砾岩、砂岩及碳酸盐岩，经变质作用后形成泥板岩、石英岩及大理岩。

局部储层发育基质孔隙，但主要靠裂缝发育。基底局部的热液作用和碳酸盐岩的岩溶作用可以形成次生孔隙。烃源岩主要为Lahat组湖相页岩和Talang Akar组下段富有机质泥岩，盖层为上覆泥岩层，圈闭以潜山构造为主。盆地中共发现23个油气田，储量14400万t油当量。

典型的例子是South Jambi B区块的Bungkal气田（图4-7），该气田基岩由三种岩性构成，即花岗岩、变质碳酸盐岩和变质砂泥岩，而且均发现了气流。

前新生界浅变质泥岩和粉砂岩具有较差的杂基孔隙，但裂缝发育，裸眼测试产气。

石灰岩大多数变质成粗晶大理岩，结晶非常好，晶间孔发育并且发育溶蚀孔隙，最大孔隙达到24%或更大。

花岗岩及风化壳，主要成分为石英、钾长石、斜长石及少量黑云母，后生成岩作用形成的矿物比较普遍，主要为绢云母、方解石、菱铁矿及白云岩，并且形成了丰富的微晶孔

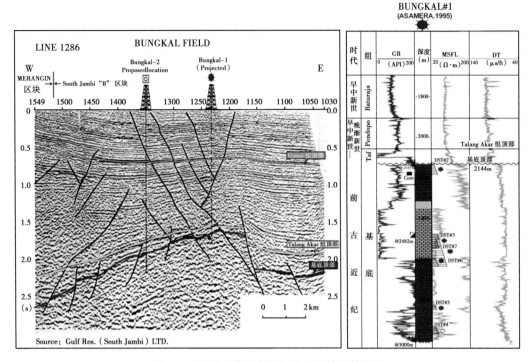

图 4-7　基岩成藏组合圈闭形态及储层特征图

隙，为油气聚集提供了空间，为中等杂基孔隙。

花岗岩冲积物，主要为砂岩及石英岩，呈层状分布。砂岩一般物性较好，孔隙度 9%~11%，石英岩较致密，这是该气田的主要产层。

二、裂谷期成藏组合特征

裂谷期发育三套成藏组合，分别为 Lahat 组组合、Talang Akar 组下部组合和 Talang Akar 组上部组合。

1. Lahat 组成藏组合

Lahat 组成藏组合是指由断陷初期形成的 Lahat 组构成的含油气组合（图 4-8），Lahat 组是盆地的烃源岩之一，因此生、储层紧密相邻，可形成自生自储型组合。但由于属裂谷期沉积，分布范围局限于凹陷深部，埋深大。储层以冲积扇和辫状河沉积为主，由分选很差的角砾状粗砂岩组成，含有丰富的凝灰质层和铁红色石英砂岩，砂岩向基底凸起尖灭，并由上覆页岩封盖。该储层的孔隙度变化非常大（一般为 8% 左右），渗透率低，总体储层质量差。主要盖层是层内细碎屑岩和上覆的 Talang Akar 组泥岩。但是在盆地大部分范围，Lahat 组都未钻穿。圈闭以断块、断鼻、背斜及地层型为主。共发现油气田九个，储量 835 万 t 油当量。在盆地东南部发现的 PYH 油田属于此成藏组合，PYH 油田的 PYH-1 井在 Lahat 组钻遇约 120m 的好储层，为细—粗粒砂岩和砾岩，于深度 1581~1586.7m 测试获得油 198.42t/d。

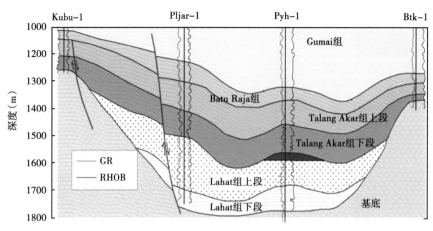

图4-8　Lahat组成藏组合图

2. Talang Akar 组下段成藏组合

该组合是南苏门答腊盆地最主要的含油气组合，处于成熟勘探期，以河流—三角洲相砂岩储层为主，是该盆地的最主要产油层。它不但可以接受下部 Lahat 组的烃源供给，还具有自生自储的能力，该组砂岩沉积经历了河湖相到海进初期的过程，形成了重要的储集层。沉积环境主要包括三角洲和河流沉积环境，发育了石英砂岩、粉砂岩和页岩，该套组合以基岩隆起背景上形成的披覆背斜为主（图4-9），圈闭类型有构造圈闭和地层圈闭两类，构造圈闭通常为背斜或与反转断层相关的滚动背斜，形成于上新世—更新世挤压构造作用下，地层圈闭通常为砂岩尖灭。储层以河流—三角洲相砂岩为主，储层物性横向变化大，纵向层薄，使得油气富集受砂体发育程度控制。另外，生烃凹陷也明显控制着油气藏分布，油气主要短距离侧向运移和沿断裂向上运移，因此，近油源凹陷的隆起带和斜坡带最有利。

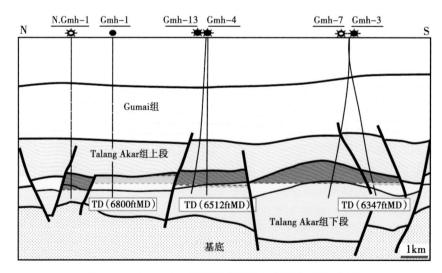

图4-9　Talang Akar 组下段成藏组合典型油气藏剖面图

3. Talang Akar 组上段成藏组合

该组合是在 Talang Akar 组下段沉积格局基础上，海侵范围进一步扩大，全区都有分布的一套地层，以三角洲—浅海沉积体系为主，储层薄但相对稳定，孔隙发育，但渗透性较差，以发现气藏为主（图4-10）。

Talang Akar 组下段与 Talang Akar 组上段两套组合既是南苏门答腊盆地最主要的烃源岩，又是最主要的产层。圈闭主要以背斜、断背斜型为主，同时在凹陷斜坡部位和内部，也有形成断层岩性圈闭的条件。已发现油气田137个，储量4.3亿t油当量，占盆地总量的40%以上。

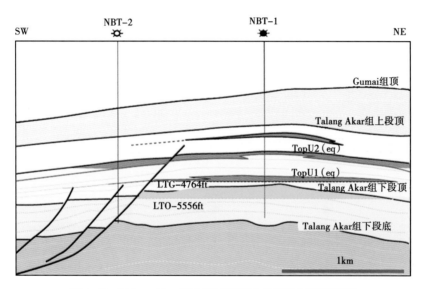

图4-10　Talang Akar 组上段成藏组合典型油气藏剖面图

三、坳陷期成藏组合特征

坳陷期发育四套成藏组合，分别为 Batu Raja 组成藏组合、Gumai 组下段成藏组合、Gumai 组上段成藏组合和 Air Benakat 组成藏组合。

1. Batu Raja 组成藏组合

在渐新世末—中新世早期，区域沉降、发生海侵，沉积了广泛分布的碳酸盐岩和碎屑岩建造，即 Batu Raja 组。通常包括台地、堤礁碳酸盐岩、钙质泥岩和泥灰岩互层。大范围台地碳酸盐岩形成底层沉积，其上发育礁体和岩屑堤（图4-11）。台地碳酸盐岩于早—中新世沉积于盆地边缘和地貌高地，此时幅度较低。之后，在古隆起、凸起边缘或翘倾的基岩断块上进一步发育成幅度较高的生物礁、岩屑堤和碳酸盐岩建隆。碳酸盐岩建隆易于接受近地表的淋滤，从而孔隙度增加。因此，该层上部储集性能最好。Gumai 组海相泥岩作为其半区域性的盖层。圈闭类型以构造地层型为主，包括由背斜、断背斜、礁体和碳酸盐岩建隆构成的复合圈闭。以 Ramba 油气田为例（图4-12），在构造顶部为厚层碳酸盐岩堤相沉积，孔隙发育，向构造翼部则减薄为致密泥岩。油源来自下部地层，靠断裂沟通。该组已发现油气田86个，储量21700万t油当量。

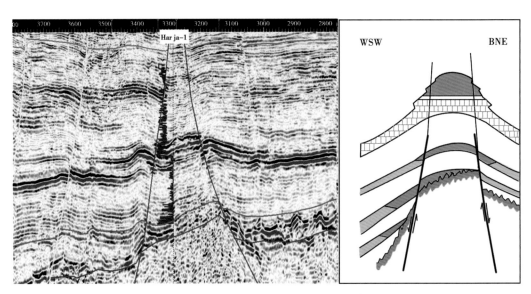

图 4-11　Batu Raja 组油气成藏组合典型地震剖面与成藏模式图

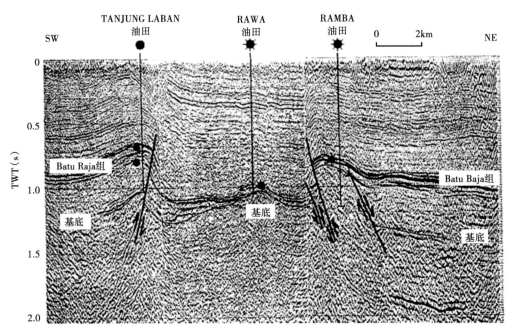

图 4-12　Ramba 油气田地震构造剖面图

2. Gumai 组下段和 Gumai 组上段成藏组合

Gumai 组是海侵发生的最主要阶段，而且在该组中部沉积时达到了最大海侵，形成最大海泛面，沉积了广泛分布的泥岩层，是盆地最主要的区域性盖层。以此为界，该地层分为上、下两段（图4-13）。下段沉积期以浅海—深海沉积环境为主，局部地区发育有海底扇，三角洲分布较为局限。上段沉积期，海平面开始下降，地层厚度展布稳定，以三角洲

—滨浅海沉积体系为主，三角洲较为发育。

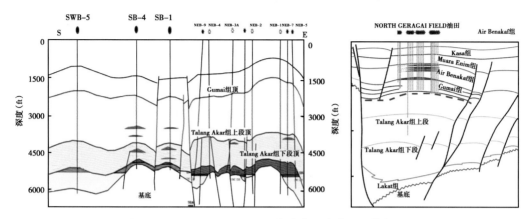

图 4-13　Gumai 组上、下段油气成藏组合典型油藏剖面图

这两套组合是南苏门答腊盆地较次要的产层。泥质岩发育，分布范围广，是很好的区域盖层。内部砂岩和碳酸盐岩可形成储层，油源来自深部，靠断裂沟通。圈闭则以构造反转型背斜、断背斜为主。累计发现油气田 26 个，储量 3531 万 t 油当量。

3. Air Benakat 组成藏组合

该地层是坳陷期海退阶段形成的沉积建造，储层主要由细—中粒滨海相砂岩组成，通常含海绿石。砂岩平均孔隙度为 25%，但由于泥质含量高，导致渗透性较差，如在 Musi 台地东面的 Rambutan 油气田，砂泥比平均约为 25%。是目前盆地中发现最浅的含油气组合。油源来自深部，靠断裂沟通（图 4-14、图 4-15）。圈闭以构造反转型背斜、断背斜为主，地层圈闭包括相变和砂体横向尖灭，如东 Ketaling 油气田。该成藏组合以油为主，天然气中 CO_2 含量很低（<1%）。累计发现油气田 64 个，储量 7751 万 t 油当量。

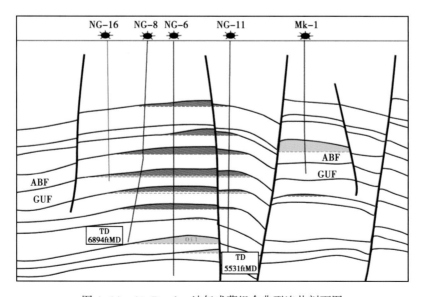

图 4-14　Air Benakat 油气成藏组合典型连井剖面图

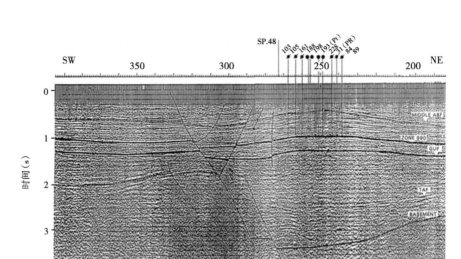

图4-15　Kenali Asam油田地震构造剖面图

第三节　成藏组合评价技术

一、成藏组合评价思路

在细致分析成藏组合统计资料，研究总结成藏带地质特征后，综合前人对成藏组合的评价方法，结合南苏门答腊盆地的成藏规律及资料基础，采用多因素分析法对各成藏组合的成藏带进行评价。

1. 参数选取的原则

为了科学有效地对弧后盆地成藏组合及成藏带进行评价，在控制成藏的地质因素中筛选5大项12个参数参与评价。由于弧后盆地演化的独特性，使得不同演化阶段成藏组合的主要控制因素是不同的。因此，在制定评价参数的取值标准时，将按弧后盆地三个主要演化阶段成藏组合的不同特征进行。

前裂谷期，主要发育基岩成藏组合，该组合的最大特点是圈闭类型以潜山型为主，因此，圈闭类型的差别可不考虑。基岩成藏组合成藏的主控因素是储层，储层类型主要为风化壳和裂缝。由于南苏门答腊盆地基岩岩性变化多样，包括花岗岩、变质岩、碳酸盐岩等，因此裂缝的发育程度和分布比较复杂。

裂谷期，主要发育Lahat组下段、Talang Akar组上段和Upper Talang Akar组上段成藏组合。Lahat组成藏组合的最大特点是断陷初期以河流、冲积扇等粗碎屑沉积为主，之后快速转为湖相，形成有效的烃源岩。因此在凹陷斜坡部位可以形成有效的油气藏。该套地层仅局限于深断陷之中，分布范围有限。Talang Akar组下段在断陷中很发育，以湖相碎屑沉积为主，形成有效的烃源岩。同时，该组地层分布范围迅速扩大，在几乎所有的隆起部位都接受了沉积，以河流三角洲相为主，储层发育。因此，该组合的主控因素为油气充注和圈闭是否发育。

坳陷期，主要发育Batu Raja组、Gumai组和Air Benakat组。坳陷期组合的最大特点是以海相沉积为主，地层分布范围广，泥质岩发育，盖层条件好。尽管 Gumai 组泥岩发育较好的烃源岩，但成熟度较低，因此坳陷期要形成有效的成藏组合，需要与深部烃源岩沟通，油气运移通道是关键因素。

2. 参数制定的标准

根据含油气系统研究，选取圈闭、保存、油源、储层和配套条件五项因素参与成藏带的评价。

圈闭条件：主要考虑了圈闭类型、圈闭面积系数和圈闭幅度三项因素，圈闭面积系数是指同一成藏带中圈闭的总面积（各圈闭面积之和）占该成藏带总面积的百分比。

保存条件：主要考虑了盖层岩性和分布两项因素。

油源条件：主要考虑了构造位置和输导条件两项因素。

储层条件：主要考虑了储层岩性、裂缝发育程度、孔隙度和渗透率四项因素。

配套条件：主要指成藏带内圈闭形成时间与烃源岩生烃高峰的时间匹配，以圈闭形成时间早于生烃高峰为最佳。

根据不同演化期成藏带特征和成藏控制因素的不同，会有所取舍和调整。

二、成藏组合评价方法

1. 前裂谷期成藏组合评价方法

前裂谷期主要发育基岩成藏组合，基岩成藏组合的主控因素是油源供应和储层发育程度。综合分析制定如下评价标准（表4-1）。

表4-1　前裂谷期成藏带评价参数体系与标准表

参数类型	参数名称	评价		
		好	中	差
圈闭条件	圈闭面积系数（%）	>50	50~30	<30
	圈闭幅度（m）	>200	200~100	<100
保存条件	盖层分布	全区	大部分	少部分
	盖层岩性	厚层泥页岩	中厚层泥岩	薄层泥岩
储层条件	储层岩性	碳酸盐岩	变质岩	花岗岩
	裂缝发育程度	发育	中等	少量
	储层孔隙度（%）	>10	10~5	<5
	储层渗透率（mD）	>600	600~100	100~10
油源条件	构造位置	坳陷区	隆起区	斜坡区
	输导条件	区域储层	不整合	断层
配套条件	圈闭与生烃高峰的匹配	早	同时	晚

2. 裂谷期成藏组合评价方法

裂谷期发育三套成藏组合，分别为 Lahat 组组合、Talang Akar 组下段组合和 Talang Akar 组上段组合。裂谷期成藏组合的主控因素是圈闭类型和储层发育程度。综合分析制定如下评价标准（表4-2）。

表4-2　裂谷期成藏带评价参数体系与标准表

参数类型	参数名称	评　价		
		好	中	差
圈闭条件	圈闭类型	背斜型	断块型	地层、岩性
	圈闭面积系数（%）	>50	50~30	30~15
	圈闭幅度（m）	>200	200~100	<100
保存条件	盖层分布	全区	大部分	少部分
	盖层岩性	厚层泥岩	中厚层泥岩	薄层泥岩
储层条件	储层厚度（m）	>20	20~10	10~5
	储层孔隙度（%）	>15	15~10	<10
	储层渗透率（mD）	>600	600~100	100~10
油源条件	构造位置	坳陷区	隆起区	斜坡区
	输导条件	储层	断层	不整合
配套条件	生烃高峰匹配程度	早	早或同时	同时或晚

3. 坳陷期成藏组合评价方法

坳陷期成藏带包含 Batu Raja 组、Gumai 组上段、Gumai 组下段和 Air Benakat 组四套组合，坳陷期成藏组合的主控因素是油源供应的通道和储层发育程度。综合分析制定如下评价标准（表4-3）。

表4-3　坳陷期成藏带评价参数体系与标准表

参数类型	参数名称	评　价		
		好	中	差
圈闭条件	圈闭类型	背斜型	断块型	地层、岩性
	圈闭面积系数（%）	>50	50~30	30~15
	圈闭幅度（m）	>100	100~50	<50
保存条件	断层是否通天	无断层通天	断层通天但封堵性较好	断层通天且开启
	盖层岩性	厚层泥页岩	中厚层泥岩	薄层泥岩
储层条件	储层岩性	中砂岩	细粉砂岩	碳酸盐岩
	储层孔隙度（%）	>20	20~15	<15
	储层渗透率（mD）	>600	600~100	100~10
油源条件	构造位置	坳陷区	隆起区	斜坡区
	输导条件	断层直接沟通	断层间接沟通	无断层

<h1 align="center">第四节　成藏带划分及特征</h1>

一、Jabung 区块成藏组合特征及典型油气藏实例

Jabung 区块是发育成藏组合最全的区块，除基底和 Lahat 组组合外，其他 6 套组合均

已证实。目前探井均未揭示 Lahat 组，预测在深凹陷周缘的斜坡部位，可能发育 Lahat 组成藏组合。基岩成藏组合目前虽未证实，但是落实多个基岩潜山型圈闭发育带，具有形成油气藏的潜力。

1. Talang Akar 组下段成藏组合

该组合是 Jabung 区块最主要的成藏组合，目前已发现 10 个油气藏，累计发现储量 5215.66 万 t 油当量（3P），已发现的油气藏主要分布在西部隆起带，且以油藏为主，另外在东部斜坡带有少量气的发现。该套储层多为冲积扇—河流—三角洲沉积，砂岩胶结较好，中—粗粒，次棱角—次圆状，分选较差，储层物性较好，有效孔隙度为 18.7%～26.6%，渗透率为 65～1680mD。西部隆起带已发现的主要油气田 NE.Betara、Gemah、N.Betara、W.Betara、S.Betara、SW.Betara 和 Ripah 等均以该套成藏组合为主。

1）Gemah 油田

Gemah 油田位于西部隆起带，位于一个大型断块隆起背景上，由一系列小断块和断背斜圈闭构成［图 4-16（a）］。东部以南北走向的高角度逆冲断层为界与 Betara 生油凹陷紧邻，在北部和西北部大型正断层把它和 NE Betara 构造分开，南部和西部为低幅度圈闭，发育一系列小的正断层。这个背斜被断层分成南北两个高点，北部高点主要产油、凝析油及天然气；南部高点主要以产气为主［图 4-16（b）］。

Gemah 油田主要储层为 Talang Akar 组下段砂岩，砂岩为灰白色，细—中粒，分选较好，磨圆呈次棱角—次圆状，沉积环境为近岸冲积环境。砂岩物性较好，有效孔隙度为 17.8%～21.8%，渗透率为 5～2800mD。

Gemah 油田油藏深度为 1700～1800m，主要以产气为主，含凝析油。天然气含 CO_2 较高，平均为 26%（10%～55%），原油含蜡量为 0.83%，凝固点为 -40℃。

2）NE Betara 油气田

NE Betara 构造位于 Gemah 油田以北，为一大型地垒状断块［图 4-17（a）］，在古隆起的背景上，经中新世—上新世的挤压运动进一步抬升所形成，并且导致其东西部边界产生冲断层，同时在构造的东北部发生部分反转。更深部的 Talang Akar 组下段储层超覆在基底上，局部遭受剥蚀。后期沉积范围扩大覆盖了古高点，并且向北形成了楔状体。Talang Akar 组下段底部为冲积扇—辫状河沉积，向上变为曲流河河道沉积。盖层为 Talang Akar 组区域性海侵背景下形成的页岩。同时，Talang Akar 组下段内部发育的页岩也可作为狭义上的盖层。

Talang Akar 组下段砂岩是 NE Betara 油气田主要储层，以灰白-透明、分选较差、次棱角状、硅质胶结的砂岩和砾岩组成。储层物性较好，有效孔隙度为 18.7%～26.6%，渗透率为 65～1680mD，有效厚度为 3.35～7.01m。

NE Betara 油气田主要以产气为主［图 4-17（b）］，气密度为 1.03g/cm³，气层 CO_2 含量为 15%～55%，原油含蜡为 12.95%，凝固点为 26.7°C。

2. Talang Akar 组上段成藏组合

该组合已发现的油气藏集中分布在西部隆起带，以气藏为主，规模较小；Talang Akar 组上段的主要岩性为页岩和泥岩，局部发育薄层砂岩，因此，在断裂与深部油源沟通的条件下，由构造与岩性配合，可形成小型油气藏。

S.Betara 油气田位于 N.Betara 油气田的西部，是一个在基岩凸起背景上形成的披覆背

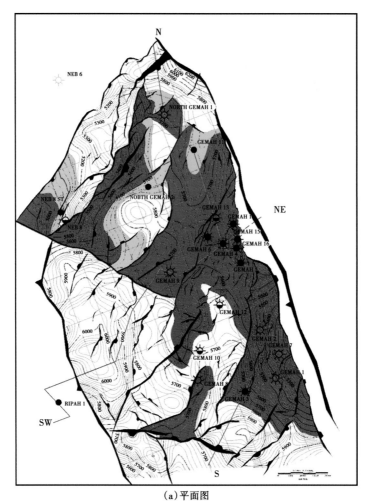

(a)平面图

(b)剖面图

图 4-16　Gemah 油田油藏分布图

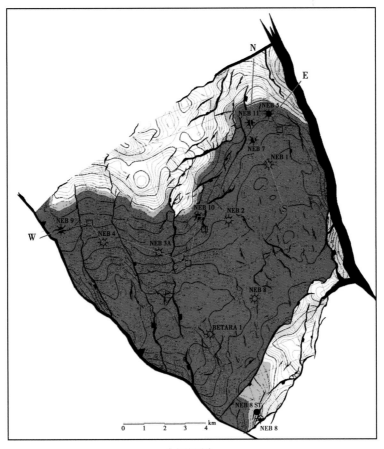

（a）平面图

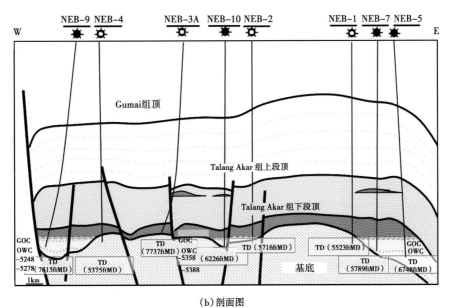

（b）剖面图

图 4-17　NE. Betara 油田油藏分布图

斜，该背斜发育南北两个高点（图4-18）。经过WB-2井和SB-1、SB-2井的钻探，证实在 Talang Akar 组上段发育一个稳定分布的气层。同时在 SB 井又发现一个局部分布的油层（图4-19），证实该成藏组合是受构造及岩性双重控制的。

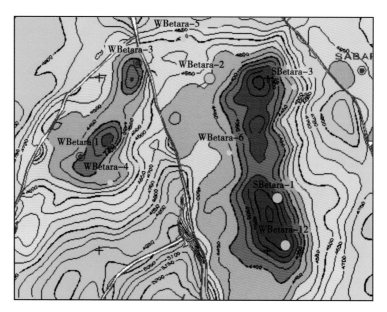

图4-18　S. Betara 构造 Talang Akar 组上段顶面构造图

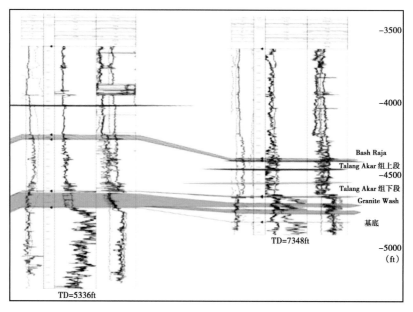

图4-19　S. Betara 油气层分布图

3. Batu Raja 组成藏组合

Batu Raja 组成藏组合主要是碳酸盐岩储层。目前仅在区块西部 W. Betara-2 井证实一个气层，获得日产 8.17 万 m^3 气流（图4-20）。岩屑录井于 1426.5～1432.6m 见含油显示，含油显示极差；井壁取心见 1 颗荧光砂岩，2 颗较差含油碳酸盐岩。另外，在区块东部的 Berkah-1 井也于该层获得日产 11.21 万 m³ 的气流。

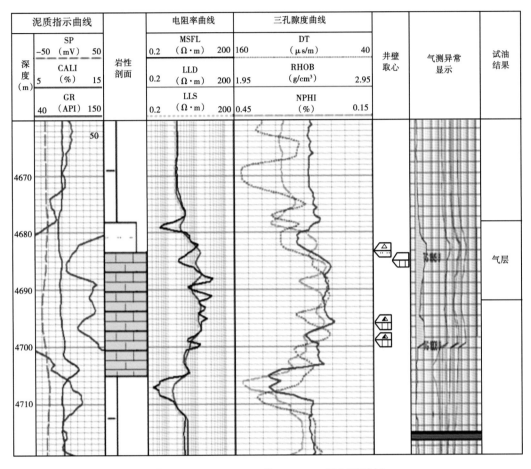

图 4-20　W. Betara-2 井 Batu Raja 组气层特征

4. Gumai 组下段成藏组合

Gumai 组下段成藏组合主要发育在 Jabung 区块的西部。在 W. Betara 和 S. Betara 油气田该组合均有 1~2 个含气层（图 4-21），主要以气和凝析油为主。储层岩性为海侵背景下沉积的砂岩。

5. Gumai 组上段成藏组合

Gumai 组上段成藏组合主要发育在 Jabung 区块的东部，已证实的油气藏为 N. Garagai。Gumai 组上砂组由细到中粒砂岩与泥岩和薄层石灰岩互层，近底部为远端三角洲前缘，近顶部为近端海相三角洲前缘，随着深度增加，盐度和自生矿物增加，粒度减小。N. Garagai 主力油层为三角洲前缘亚相沉积，砂体发育，连续性好，分布稳定。物性好，孔隙度平均为 27.5%，渗透率为 40~1200mD，平均为 400mD。油藏的形成主要依靠断裂与深部油源的沟通。

N. Geragai 位于 Jabung 区块东部，是在 Geragai 凹陷的基础上，经过后期构造运动反转

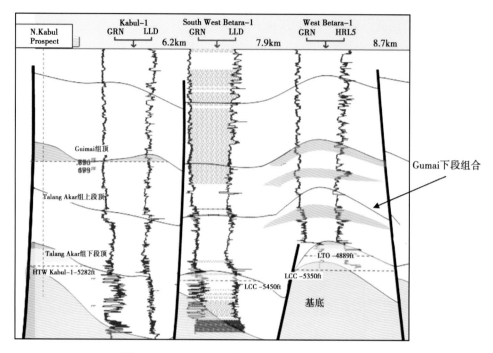

图4-21　W. Betara 油气田 Gumai 组下段成藏组合

形成的背斜构造，并且有断层发育，与深部油源沟通，形成有利的油源供应通道。

N Geragai 背斜构造总体展布呈北西—南东向，该背斜断层较发育，构造面积为20.64km²，闭合幅度为60.96m，见图4-22。

Gumai 组是 N Geragai 油气田的重要储层，油气层埋深为1005m。储层砂岩主要是河流相的分流河道和河口坝微相砂岩，有效厚度为0.61~10.36m，一般为1.52~5.49m，有效孔隙度为23.1%~27.5%，渗透率为14~1080mD，含水饱和度为34.1%~49.0%，CO_2含量较低（0.73%~1.60%，平均为0.85%）

6. Air Benakat 组成藏组合

Air Behakat 成藏组合主要发育在 Jabung 区块的东部，已证实的油气藏为 N. Garagai 和 Makmur、Air Benakat 组沉积物源主要来自晚中新世区域构造挤压形成的凸起。下段由河道砂岩、页岩和煤层组成，属三角洲平原环境；上段由河流三角洲到浅海相沉积的泥岩和凝灰质砂岩组成。Makmur 油藏为纯油层，储层砂体为沿岸坝和潮汐水道，侧向连通好。物性好，渗透率为470~1500mD，孔隙度为26%~31%。油藏的形成主要依靠断裂与深部油源的沟通。

Makmur 油气田位于 N Geragai 油气田的南部 3km 处，构造背景与 N. Geragai 相同。Makmur 构造也是一个后期反转的断背斜低幅构造（图4-23）。

Makmur 油气田主要流体为油，顶部含少量天然气，底部含水，油水分布呈层状。原油密度为0.79~0.83g/cm³，CO_2含量较低（0.6%~1.0%，摩尔分数）。地层水矿化度为1000~4000mg/L，为氯化钠型。砂岩物性较好，有效孔隙度为26.8%。渗透率为6~1300mD。

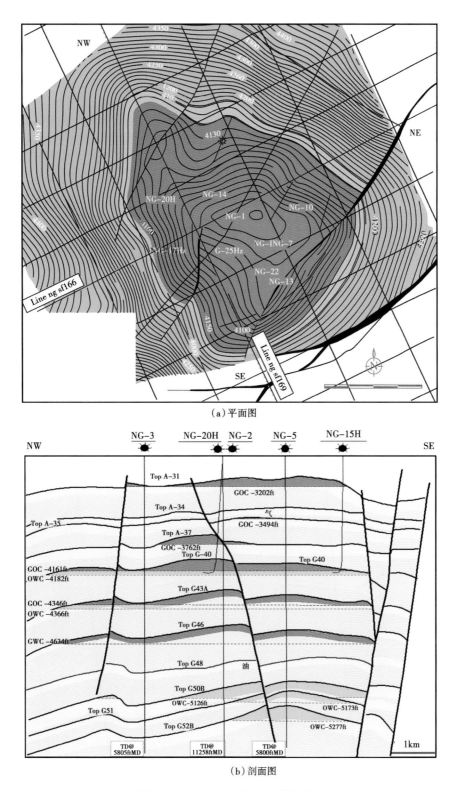

（a）平面图

（b）剖面图

图 4-22　N. Geragai 油田油藏分布图

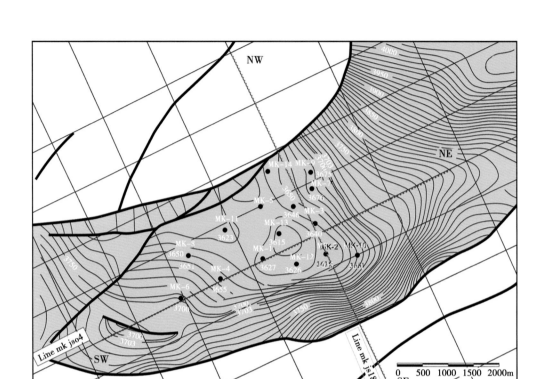

（a）平面图

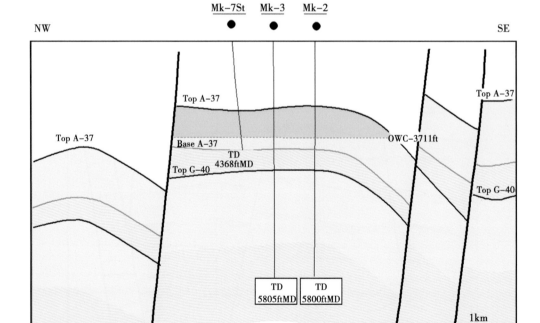

（b）剖面图

图 4-23　Makmur 油田油藏分布图

二、成藏带划分

成藏带是指在同一成藏组合内，由一系列成因上有关联的具有相近或相似成藏条件的已发现油气藏和圈闭构成的集合体。

成藏带的划分以反映某一成藏组合的构造图为基础，重点考虑圈闭类型和成藏特点。

1. 基岩成藏带

Jabung 区块基岩成藏带可划分为 Betara、Berkah 和 Sogo 三个基岩凸起型成藏带(图 4-24)。

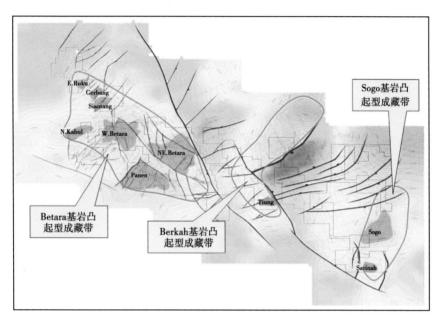

图 4-24　Jabung 区块基岩成藏带划分

1）Betara 基岩凸起型成藏带

Betara 基岩凸起型成藏带主要发育在西部隆起带，目前仅在 W. Betara 和 S. Betara 证实基岩含油气，储层为基岩顶部风化壳。有望在 Panen 和 Siantang 构造基岩中发现类似的油气藏。该带油源主要来自 Betara 凹陷和 Kabul 凹陷。储层质量与基岩凸起的高度具有正相关性。

2）Berkah 基岩凸起型成藏带

Berkah 基层凸起型成藏带主要发育在 Betara 凹陷和 Geragai 凹陷之间。储层为基岩顶部风化壳或裂缝。

3）Sogo 基岩凸起型成藏带

Sogo 基岩凸起型成藏带主要发育在区块东部斜坡带。储层为基岩顶部风化壳或裂缝。基岩岩性为变质碳酸盐岩和砂砾岩。

2. Talang Akar 组下段成藏带

Talang Akar 组下段成藏组合是最主要的成藏组合，也是发现油气田最多的，是勘探最有潜力的组合。可划分出如下三个成藏带（图 4-25）。

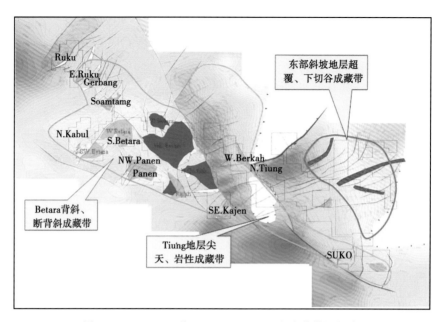

图 4-25　Jabung 区块 Talang Akar 组下段成藏带的划分

1）Betara 背斜、断背斜构造成藏带

该成藏带位于区块西部隆起区，是发现油气田最多的成藏带，包括 N. Betara 油气田、NE. Betara 气田、Gemah 气田、W. Betara 油气田、Napal 气田和 Ripah 油田等。该成藏带圈闭非常发育，以基岩凸起型背斜、断背斜构造为主，如 W. Betara 断块、S. Betara 背斜、SW. Betara 断背斜等。构造深浅层比较一致，但显然是古构造（图 4-26）。油源来自 Betara 和 Kabul 生油凹陷。

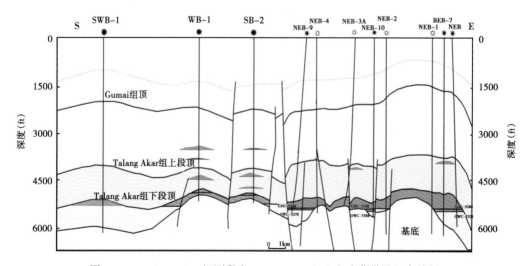

图 4-26　Talang Akar 组下段和 Talang Akar 组上段成藏带及组合特征

2）Tiung 地层尖灭、岩性成藏带

该成藏带位于 Betara 凹陷和 Geragai 凹陷之间，属两个断陷夹持的凸起带（图4-27）。目前已发现 Berkah、Tiung、Subur、NW. Tiung 等构造。由于 Talang Akar 组下段由凹陷向斜坡部位具有地层尖灭现象，预测可形成地层尖灭型油气藏。在 Tiung 构造，Tiung-2 井于 Talang Akar 组下段试油获得少量气（2100m³），证实储层比较致密。

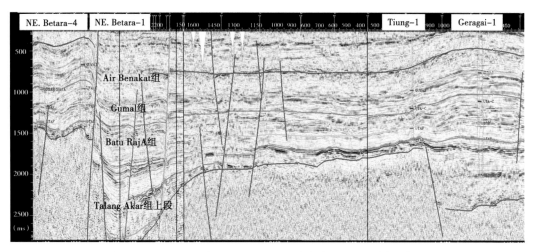

图 4-27　过 Tiung 气田和 NE. Betara 凝析气田的地震剖面特征

该带紧邻两个生油凹陷，双向供油，油源条件好。由于区块东部地区基岩中碳酸盐岩发育，在高温分解作用下，产生大量 CO_2。Tiung-2 井 Lower Talang Akar 测试气中 CO_2 高达80%。

3）东部斜坡地层超覆、下切谷成藏带

该带位于东部斜坡区，由于 Talang Akar 组下段在斜坡区形成超覆，可形成地层超覆型圈闭。另外由于斜坡带河流相砂体发育，形成下切谷砂体（图4-28），在适当的保存条

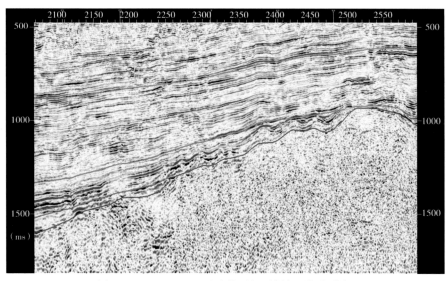

图 4-28　PIJ02-310 反映的下超顶削与下切谷特征

件配合下，可形成有效的圈闭，是今后有利的勘探领域。

3. Talang Akar 组上段成藏带

与 Talang Akar 组下段成藏带相比，Talang Akar 组上段成藏带油气藏分布很局限，在平面上不稳定，多受构造和岩性双重因素控制。可以划分为以下三个成藏带（图4-29）。

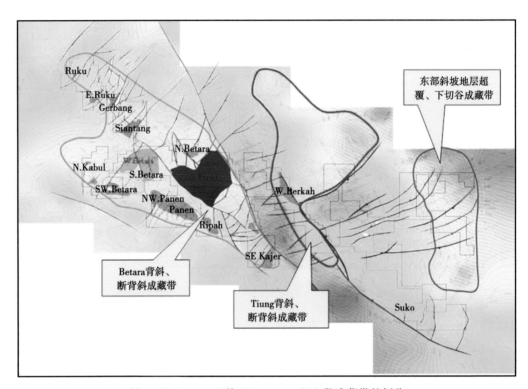

图 4-29　Jabung 区块 Talang Akar 组上段成藏带的划分

1）Betara 背斜、断背斜成藏带

该成藏带范围与 Talang Akar 组下段基本相同，目前在 W. Betara，S. Betara 和 NE. Betara 构造发现一些气藏，Talang Akar 组上段多是砂岩透镜体为储层。气藏分布连续性差，气层比较薄，横向分布比较局限。

2）Tiung 背斜、断背斜成藏带

该成藏带与 Talang Akar 组下段成藏带类似，位于 Betara 凹陷和 Geragai 凹陷之间。Talang Akar 组上段储层以河流相碎屑岩为主，构造幅度较 Talang Akar 组下段平缓。目前已发现 Tiung 气田，以及 Berkah、Subur、NW. Tiung 等构造，以背斜、断背斜圈闭为主。Tiung-2 井于该层获得高产气流（日产气约 100 万 m^3），但 CO_2 含量高（20%~80%）。

3）东部斜坡地层超覆、下切谷成藏带

该带与 Talang Akar 组下段成藏带类似，可形成地层超覆、下切谷等圈闭类型。总体来讲，该类圈闭发育较少，且该带距油源凹陷较远，潜力较差。

4. Batu Raja 组成藏带

Batu Raja 成藏组合可以划分为以下两个成藏带（图4-30）。

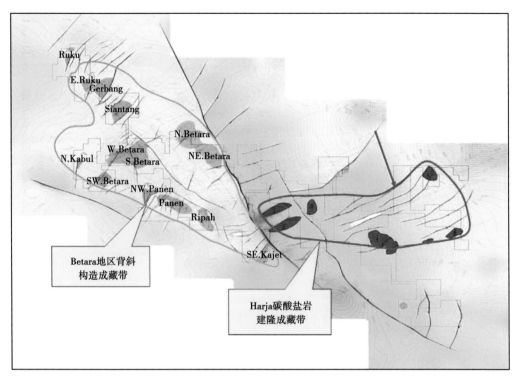

图 4-30 Batu Raja 成藏带的划分

1）Betara 地区背斜构造成藏带

由于区块西部地区多数构造圈闭均为继承性发育，因此 Batu Raja 组合也会在该区形成油气藏。如 W. Betera-2 井在该组合证实一个气层，一般该组合储层以碳酸盐岩为主，夹有薄砂层，横向分布局限。

2）Harja 碳酸盐岩建隆成藏带

该成藏带主要分布在区块中部和东部斜坡区，在渐新世海侵期，发育了碳酸盐岩及生物碎屑沉积（图 4-31）。由于盆地构造运动频繁和西部碎屑岩的输入，碳酸盐岩台地的沉积并不广泛和持久。可能不存在完整模式的潟湖、滩礁及岸礁沉积，但发育了相对孤立的灰岩建隆型沉积。该套组合在测井和地震资料上有明显反映。通过地震属性分析可识别出一系列此类圈闭。该套碳酸盐岩可形成有效的储层，但目前尚未发现油气。

5. Gumai 组上段和下段成藏带

由于 Gumai 组上段和 Gumai 组下段成藏组合具有相似的特征，因此将二者合并进行成藏带划分及评价，Gumai 组成藏组合是 Jabung 区块含油气最普遍的成藏组合，主要划分为两个成藏带（图 4-32）。

1）Betara 继承型背斜、断背斜成藏带

该成藏带集中分布在西部隆起带，属下部构造继承发育的背斜、断背斜。油源主要来自 Betara 凹陷，断裂形成有效的运移通道。目前已在 W. Betara、S. Betara、Napal 和 Kabul 构造发现该组合含油气层，主要是凝析气田。储层厚度较薄，但横向连续性较好。在 Betara 成藏带，油气层主要集中在 Gumai 组下段组合。

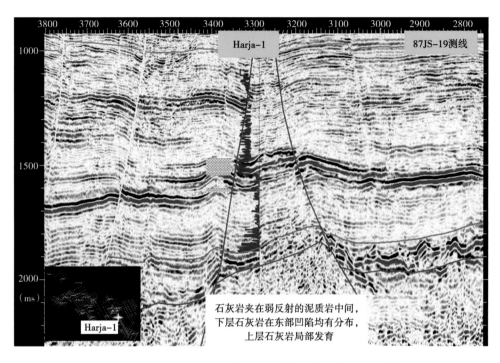

图 4-31 Batu Raja 组碳酸盐岩建隆型非构造成藏带地震反射特征

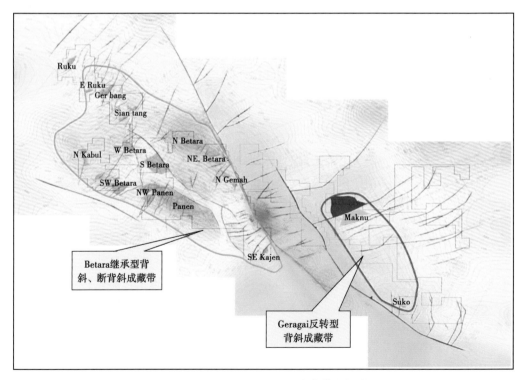

图 4-32 Gumai 组上、下段成藏带的划分

2）Geragai 反转型背斜成藏带

该成藏带主要分布在区块中部凹陷区，是在古始新世断陷基础上，后期构造挤压，致使上部地层反转形成背斜，依靠断裂与深部烃源岩沟通。目前已发现 Makmur 和 N. Geragai 两个油气田。其主要特征是：圈闭幅度低，以背斜为主，纵向上砂层叠置，可形成多个油气层。储层物性好，分布稳定，主要集中在 Gumai 组上组合。

6. Air Benakat 组成藏带

Air Benakat 组成藏组合是区块最上部的组合，与 Gumai 组组合具有继承发展的特征，因此也划分为东、西两个成藏带（图 4-33）。

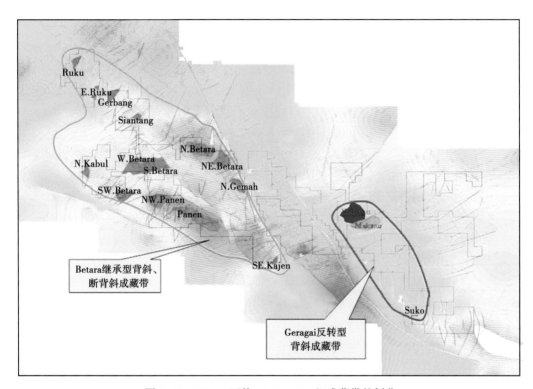

图 4-33　Jabung 区块 Air Benakat 组成藏带的划分

1）Betara 继承型背斜、断背斜成藏带

该成藏带主要分布在西部隆起带，以继承发育的背斜、断背斜为主。油源主要来自 Betara 凹陷，断裂形成有效的运移通道。由于此套地层在西部隆起带遭受严重剥蚀，因此储盖组合配套条件差，目前尚无油气发现。

2）Geragai 反转型背斜成藏带

该成藏带与 Gumai 组上段组合形成机制完全相同，也属反转背斜圈闭。依靠断裂与深部烃源岩沟通。目前已发现 Makmur 和 N. Geragai 两个油气田。Air Benakat 组是坳陷期海退阶段形成的建造，以海相砂岩为主，储层砂体为沿岸坝和潮汐水道，侧向连通好。该储层物性好，渗透率为 470~1500mD，孔隙度为 26%~31%，受沉积相的控制明显。

第五章 岩性油气藏评价技术

经过十余年的勘探，Jabung 区块勘探程度相对较高，先后发现 10 个油气田（8 个位于西部隆起带，2 个位于中东部）西部隆起带主要勘探目的层（Talang Akar 组下段）可供钻探的构造圈闭越来越少，圈闭面积也越来越小。中东部剩余的构造圈闭少而小，而且 CO_2 含量高。在国际油价长期低位徘徊的情况下，如何在合同期内低成本高效勘探、充分挖掘 Jabung 区块的勘探潜力是目前面临的主要问题。借鉴国内成功勘探经验，在高勘探程度地区，岩性油气藏、构造—岩性油气藏是储量的现实接替领域。通过层序地层学研究，认为 Jabung 区块 Talang Akar 组下段及 Intra-Gumai 组具有形成岩性油气藏、构造-岩性油气藏的地质背景。Intra-Gumai 组砂体单层厚度薄，横向变化快，但产能较高。Talang Akar 组下段主要发育砂泥岩薄互层，砂岩厚度主要分布在 3~20m。

Jabung 区块历经 10 余年的勘探，现阶段仍然存在诸多难点及疑点，严重制约勘探评价工作的进一步深入，主要体现在以下几点：

（1）通过历年的精细研究，发现研究区内砂岩储层纵向变化快，叠置严重，砂体单层较薄，而且受客观因素影响，现有手段难以满足精细刻画的要求。需在进一步加深对沉积、构造等方面认识的前提下，运用新的、有效的储层预测技术，精细刻画砂岩储层空间展布特征。

（2）沉积相类型种类多，相带展布规律性差，造成砂体横向边界难以捕捉。同时多类型砂岩的发育，其结构类型及储层特征的差异增加了预测难度。通过研究对比，有效储层为薄层砂岩，以远沙坝为主，其次为前缘席状砂。厚层前积砂体无油气显示。从大套厚砂岩中识别出有效薄层砂岩难度较大。而纵向上 Intra-Gumai 组沉积期为陆相—海相转换期，同时期受古构造影响沉积环境存在差异，这种差异随着沉积不断叠加，造成空间上沉积相的复杂性，增加了相带刻画的难度。

（3）通过对井点资料的综合分析，该区测井资料虽然通过多次处理，但是区域上差异较大，分析原因一方面可能是不同时期采集及采集设备造成的，这给区域统层及地层对比带来极大的困难，标志井不明显，区域标志层不稳定；另一方面地震资料主频低，频带窄，常规反演技术分辨率低、多解性强，难以识别有效储层，如何利用多种物探技术结合地质认识进行有利区预测难度较大。

第一节 研究思路和技术路线

在层序地层格架研究的基础上，利用区块岩心、测井资料和三维地震资料，岩电结合、井震结合，充分运用降频处理、谱反演技术、时频分析技术及基于导向数据的自动层序界面拾取技术从粗到细开展高频层序研究。

在高频层序约束下，以地震沉积学为核心，充分运用地震沉积学技术开展地震岩性学及地貌学研究。在单井相研究的基础上，建立测井相—地震相识别标志，在90°相位转换后的数据体上开展属性分析，从点—线—面明确沉积相平面分布特征；利用地层切片技术进行地震属性提取，采用 RGB 分频融合及多属性融合技术，开展沉积体系的演化规律研究。

井震结合，优选地震波形指示相控反演方法开展储层预测，明确有利砂体的分布（图5-1）。

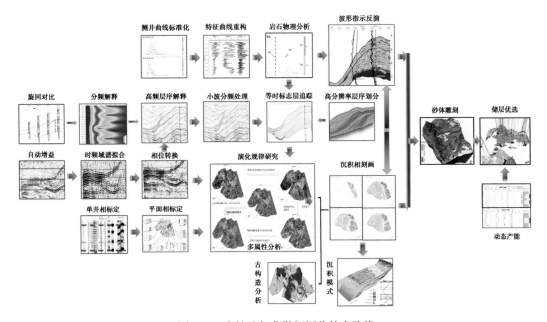

图 5-1　岩性油气藏勘探评价技术路线

第二节　高频层序识别及分析技术

在单井标定的基础上，主要通过降频去噪处理技术、谱反演处理技术、基于导向数据的自动层序界面拾取技术在地震剖面上进行全区精细地震层序识别。

（1）降频去噪处理技术：突出横向变化特征，识别前积趋势。

首先利用正演模型明确优势频带，突出响应特征（图5-2），然后根据优势频带确定降频去噪处理参数，得到的地震剖面突出横向变化特征，识别前积趋势。针对低信噪比区域资料，前积体特征识别效果改善明显（图5-3）。

（2）谱反演处理技术：得到地震反射系数，识别准层序的边界和变化点。

谱反演处理的结果最终输出为地震反射系数，其结果包括丰富的可解释的地层层序模式，可以用来精细刻画薄储层形态、识别地层层序的边界和变化点、解释微小断裂等。

谱反演理论：任何一个反射系数序列都可以分解成奇、偶分量，奇分量不利于检测薄层，而应用少量的偶分量就可以提高薄层的分辨能力。谱反演的实质就是利用偶分量在厚度趋于零时的有效干涉提高地震资料的分辨率。谱反演是在谱分解的基础上，通过反演方法使频率域目标函数达到极小而反演出反射系数、薄层厚度。在实际情况下也有很强的识别薄层的能力。

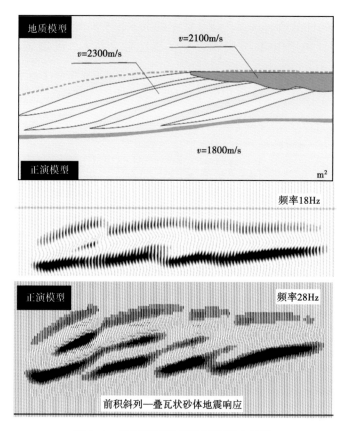

图 5-2　正演模型确定优势频带示意图

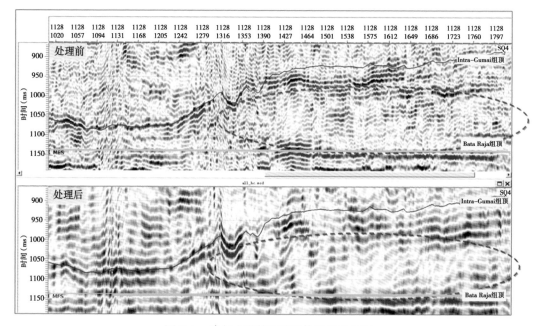

图 5-3　降频去噪前后前积体效果对比图

谱反演处理之后，反射系数对比原始数据界面对应较好，与测井识别的四期准层序认识一致（图5-4）。

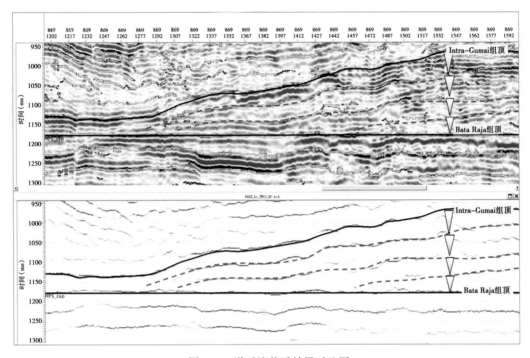

图5-4 谱反演前后效果对比图

（3）基于导向数据的自动层序界面拾取技术：细化内部次级层序，精细分析前积特征，为岩性体识别提供依据。

在层序界面约束下，对准层序内部进行追踪识别（图5-5、图5-6）。

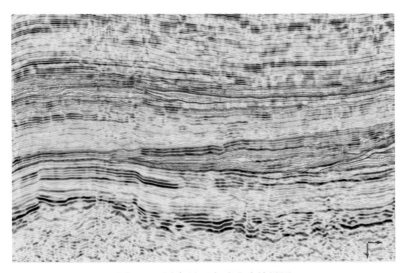

图5-5 层序界面自动追踪效果图

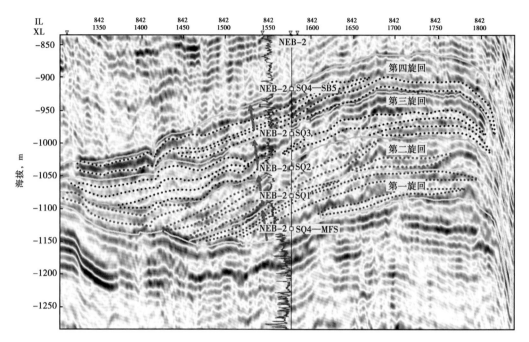

图 5-6 地震相位分析剖面

第三节　地震沉积学关键技术

不同学者对地震沉积学有着不同的定义。Zeng 和 Hentz（2004）定义地震沉积学为"用地震资料研究沉积岩和沉积作用"的地质学科。

众所周知，用地震资料研究地层学和沉积学受制于地震分辨率。普遍接受的垂向地震分辨率概念是四分之一子波波长（Sheriff，2002），这也是肉眼能识别的单个地震同相轴的最小厚度；单个地震同相轴的最大厚度约为二分之一子波波长。在盆地尺度（或含矿区带尺度，地层单元厚度大于50m 或大于2~3 个同相轴厚度），传统的"相面法"，或用肉眼观察地震剖面反射特征的方法很适用，地层学研究可在地震层序格架内进行，而沉积学信息可用地震相分析获得。但在储层尺度（或砂体尺度，地层单元厚度小于50m，特别是小于一个同相轴厚度），则情况相对不同，"相面法"不再适用，必须寻找新的解释方法和手段。此时地层格架需用高级层序（或高分辨率层序、高频层序）定义；利用地震资料开展沉积学研究则受制于目前技术水平，仅能研究地震岩性学、地震地貌学、沉积体系结构和盆地沉积史（Zeng and Hentz，2004）（其中地震岩性学和地震地貌学是核心内容）。

综上所述，可将地震沉积学定义为：通过地震岩性学（岩性、厚度、物性和流体等特征）、地震地貌学（古沉积地貌、古侵蚀地貌、地貌单元相互关系和演变及其他岩类形态）的综合分析，研究岩性、沉积成因、沉积体系和盆地充填历史的学科（曾洪流，2011）。

一、相位旋转技术

地震处理一般将地震资料处理成0°相位，0°相位子波也一直是地震解释工作的首选。Wood（1982）和 Yilmaz（2001）对0°相位子波进行了深入的分析，并提出在不改变振幅谱的情况下用 0°相位子波来代替震源子波。Brown（1991）总结了 0°相位子波的优点，比如波形对称性，在地层对比时误差最小，最大振幅及最小振幅对应反射界面，同振幅谱的各种子波中 0°相位子波特征最易识别。

如果地震波反射来自单一界面，或者地震资料分辨率足以识别来自地层顶底界面的不同反射，0°相位子波优于其他子波。Widess（1973）和 Meckel 等（1977）分析了 0°相位子波的界面分辨率问题，认为 0°相位子波的分辨率极限大约为四分之一主波长（$\lambda/4$），如果反射层小于 $\lambda/4$，顶底界面就分辨不出来，顶底界面的反射产生组合波形，在 $\lambda/4$ 到 λ 之间，反射层的顶底界面可以较好地被分辨出来。不过，其中也有与 0°相位子波差别很大的复合波形。

大多数油藏高度小于 λ，也有很多油藏高度小于 $\lambda/4$，对于夹层中发育的厚度较薄油藏，我们无法根据包含干涉波的组合波形分辨出其顶底界面，也无法确定准确的薄层形态。0°相位子波对于研究单一界面更有效，而在研究薄层方面效果并不好。通过对不同性质子波的研究，Sicking（1982）和 Zeng（1996，2003，2004）认为 90°相位子波在解释地震薄层方面效果较好。90°相位地震数据体可以分析薄砂层或薄泥岩层形态，也可以像波阻抗曲线一样进行地质研究（Sicking，1982）。

90°相位 Ricker 子波的模型中砂岩楔状体波阻抗小于围岩，90°相位子波极性约定是波谷代表波阻抗先降低后升高和先正后负的反射系数。这就等同于将 0°相位子波进行 90°相位变换，然后反转极性。模型中，当砂岩厚度大于 λ 时，波形零值连线与砂岩楔状体的顶底界面一致，波形是反对称的。砂层厚度为小于 $\lambda/4$ 时，反射振幅是复合地震响应，薄层对应地震波形的波谷，当砂层厚度小于 $3\lambda/4$ 时，薄层的中心和波谷（最大负振幅）中心连线一致。

通过测算 0°相位模型的复合振幅和 90°相位模型的最大负振幅，对薄层振幅调谐曲线进行比较。当砂层厚度大于 $\lambda/4$ 或厚度小于 $\lambda/4$ 但振幅与实际厚度呈线性关系时，0°相位模型可以通过波峰到波谷旅行时来近似计算砂层实际厚度，而 90°相位模型通过子波主瓣零值间的旅行时来计算。90°相位子波并没有降低分辨率和地震震幅识别能力。

通过对比 0°相位地震模型和 90°相位地震模型，90°相位地震数据对于薄层的地质解释更理想。模型局限于没有噪声的数据，而且子波的旁瓣较小。90°相位模型波形易于解释，而 0°相位模型中薄层的地震响应是一对波谷和波峰的组合，薄层顶部对应主波谷，底部对应主波峰。砂层厚度小于 $\lambda/4$，反射界面和最大地震能量（波谷和波峰）之间发生时间偏移。

在应用地震振幅进行几何形态和岩性解释时，同时需要处理两种极性（波谷和波峰）。由于其他地质体对薄层的干涉，单独用波谷或者波峰解释会带来较大误差。另外，90°相位模型中，薄层的地震响应是一个单独的主波谷。当砂层厚度小于 $3\lambda/4$ 时，砂层中心线和最大负振幅一致；当砂层厚度为 $3\lambda/4$ 时，砂层中心线和复合波谷的中心一致；当砂层厚度小于 $\lambda/4$ 时，砂层的顶底界面和子波零值连线近似一致。如果忽略波形的旁瓣，地震极性（模型中是负振幅）可以和薄层对应很好，地震波负振幅可以用来反映薄层的形态，90°相位变换可以将界面响应信号（0°相位）转变为薄层响应信号（90°相位），90°相位变换大大降低了利用地震同相轴进行薄层解释的不确定性并简化了解释工作。

其次，90°相位模型可以较好地与波阻抗剖面和岩性测井曲线对应，90°相位资料和 0°相位资料频率分量相同。当厚度小于 λ 时，可以将地震波形与波阻抗剖面直接对比来分析地震同相轴和地层结构的关系。由于波阻抗可以指示岩性，在地质模型中地震波形也与岩性测井曲线（GR 和 SP 测井曲线）有一定关系。在 0°相位模型中相同电阻率和相同岩性对应相反的两个极性，电阻率曲线和地震同相轴的对应关系很差。而 90°相位模型解决了这个问题，波阻抗曲线对称的砂岩对应着对称地震响应也是对称的，因此地震极性与岩性也是唯一对应的，波阻抗曲线和地震同相轴相关性也很高。90°相位地震剖面类似于地质剖面，便于进行地震解释。

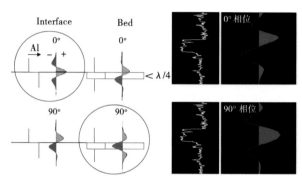

图 5-7　相位旋转原理图

地震岩石学是指经过一定技术的处理，使地震资料各种属性具有岩性指示意义，由此可以将地震资料像岩性测井曲线一样解释地层岩性。地震岩石学研究需要把三维地震数据体转化成地震岩性体，在地震岩性体里可以根据地震属性特征判断岩性和沉积特征，其中的主要技术就是 90°相位转换。由于岩性与地震振幅之间有单一的对应关系，90°相位子波的应用消除了对薄砂层中心地震反射最大振幅进行漂移的 0°相位子波的误差。主要的地震反射（波谷）与地质上定义的砂层相一致（图 5-7）。

通过相位旋转，砂体顶底界面与同相轴顶底界面一致，保证砂体识别的可靠性（图 5-8）。

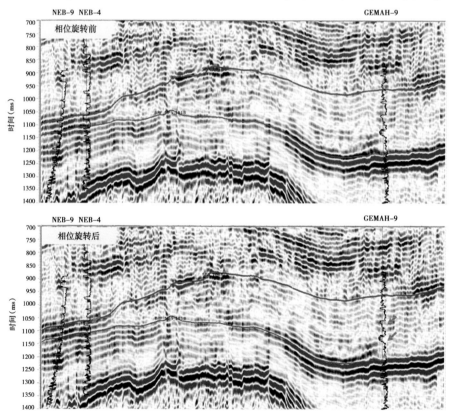

图 5-8　相位旋转前后剖面对比图

二、等时地层切片技术

时间切片和地层切片是利用地震界面反映地层信息最普遍的方法。但是，在直接分析沉积相方面都有局限性。时间切片只有在地层水平并且厚度均匀时才能近似反映同一地质时间的沉积特征。同样地层切片也需要在沉积层厚度均匀情况下才能很好地反映倾斜地层的沉积特征。

地层切片则是考虑了沉积楔状体和生长断块的厚度变化梯度对沉积层进行等比例切片显示，与时间切片和层位切片相比，地层切片能更准确反映同一沉积地质时间的平面沉积特征，提高了利用地震资料直接进行沉积相分析的准确性。沉积相在横向上厚度和波阻抗的变化是地层切片分析沉积相的基础。地层切片技术不仅适用于研究构造简单席状的沉积层序，也可以用于研究横向沉积相和厚度变化大的沉积盆地。地层切片技术是对自动追踪解释、时间切片和层位切片等方法的完善和革新。时间切片和层位切片在很多地震解释软件（如 LandMark 和 GeoQuest）中都可以实现。

地层切片解释是一项综合研究，应该将钻井和测井等地质资料和地震资料结合使用，现代沉积模式和地貌模式的应用也是地层切片识别沉积样式的重要内容。有些情况下仅需要通过地层切片的沉积样式就可以正确描述沉积相（如曲流河）。但是，在另外一些情况下则需要结合测井相等钻井资料来判断沉积特征。各种沉积相在地震资料里都有一定的沉积样式特点反映：（1）形态主要包括绳状、朵叶状、掌状、席状和杂乱状等；（2）样式结构包括平滑、补丁状和蠕虫状等；（3）GR 和 SP 测井曲线样式包括向上变细、向上变粗、块状、锯齿状和整齐等；（4）振幅性质与地震岩性关系包括正振幅表示泥岩、负振幅表示砂岩或凝缩段、低振幅或变化振幅表示薄层砂岩或泥岩、负振幅高值表示含气砂岩；⑤其他信息包括区域背景、构造、层序地层学推测的海平面和体系域等。地层切片技术对利用地震资料进行沉积相和沉积历史研究有着很重要的意义。

等时地层切片是沿两个等时界面间等比例内插出的一系列层面进行切片来研究沉积体系和沉积相平面展布的技术（图 5-9）。通过等时切片，清楚地刻画出三角洲朵叶体纵向

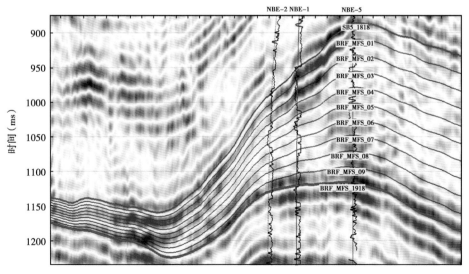

图 5-9　等时地层切片示意图

逐步发育的特征（图5-10）。

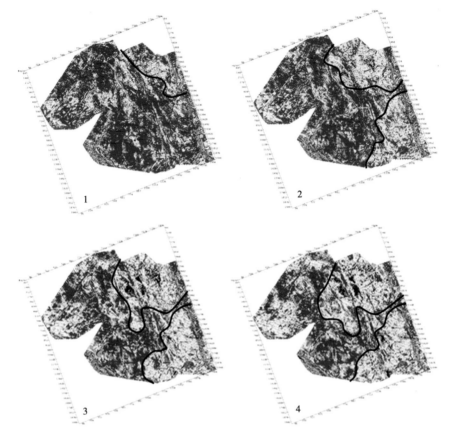

图5-10　不同等时切片对比图

三、分频解释技术

分频解释技术是利用短时窗离散傅里叶变换（DFT）或基于Z变换的最大熵谱方法（MEM），将地震数据变换到频率域，在频率域内通过调谐振幅的对应关系来研究储层横向变化规律，使地震解释可以得到高于常规地震主频率对应1/4波长时间分辨率结果。分频解释的关键，正是可以将不同频率成分的地质体分别提取出来。

对于地震数据的分析过程，时窗的长短对振幅谱的频率响应非常重要，传统频谱分析方法与分频解释技术的主要差别之一是数据分析时窗的长短（假设地震波S可看作是子波W与反射系数序列Rt的褶积再加上噪声n，即$S=W*Rt+n$）。长时窗和短时窗产生的振幅谱频率响应有很大的差别。

传统方法由于傅里叶变换要求信号在（$-\infty \sim +\infty$）上取值，因此，对长时窗数据分析而言（一般大于100个采样点），采用傅里叶变换所带来的误差很小，可以获得较为理想的效果。但用长时窗作频谱分析时，反射系数Rt和噪声n都是随机的，因此它们的谱都可视为白噪，两者都为常数，即地震反射波与噪声的频谱形态一致，两者都为梯形，频谱的形态由子波的形态决定。因此，从频谱分析中无法得到薄层的反射信息。若用短时窗对数据进行分析，由于时窗短，可供分析的数据量小，分析结果会产生较大的误差，从而使频谱分析失真，出现吉布斯现象（Gibbs phenomenon）。LandMark 软件中的 Spec Decomp 模块较好地解决了短时窗吉布斯现象的影响。

根据褶积模型，其地震记录信号的谱就是地震子波的谱。这是因为地震子波一般都跨越多个层位而不是一个简单的薄层，导致了复杂的调谐反射，故而长时窗频谱分解无法得到薄层的反射信息；而在短时窗内，反射系数序列 Rt 不再是随机的、白噪的，而是离散的几个数值，相对应的谱是一个事先可以预测、具有周期性的频陷序列，那么由短时窗估算的地震记录信号的频谱就是地震子波的谱与上述周期性频陷序列谱的乘积。因此，在频率域消除地震子波影响之后，相邻两个频陷间距恰对应该薄层的时间厚度，这是分频解释技术思想的核心。

分频解释基于不同频率地震资料反映地质信息的不同，采用分频解释的方法，使地震解释结果的地质意义更加明确。由于薄层顶底反射界面的干涉，振幅谱中出现了频陷，两个频陷之间的距离对应薄层的时间厚度（图 5-11）。

Gumal 组砂体分布预测：北部砂体在低频端能量更强，南部砂体在高频端能量更强。说明北部砂体较厚，南部砂体较薄。通过分频解释，能对砂体的相对厚度进行定性分析，对其边界准确刻画（图 5-12）。

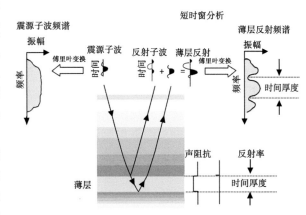

图 5-11 分频解释原理图

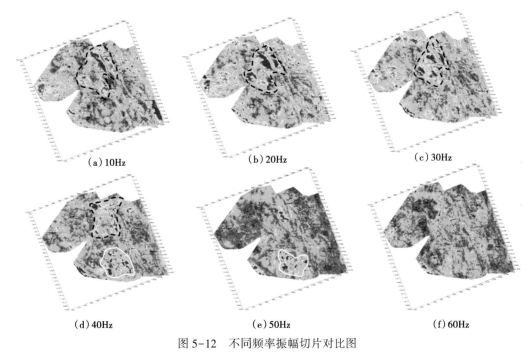

(a) 10Hz (b) 20Hz (c) 30Hz

(d) 40Hz (e) 50Hz (f) 60Hz

图 5-12 不同频率振幅切片对比图

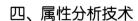

四、属性分析技术

储层性质的变化会引起地震波运动学特征（如反射、折射、传播速度、旅行时间等）和动力学特征（如振幅、相位、频率等）变化。因此，可以根据地震波的运动学和动力学特性来预测储层性质。地震属性指的是那些由叠前或叠后地震数据经过数学变换而导出的有关地震波的几何形态、运动学特征、动力学特征和统计学特征。目前，地震属性主要用于储层岩性及岩相、储层物性和含油气性分析。

属性有多种分类方案，其中主要的分类方案有如下：Taner 等（1995）将地震属性划分为几何属性和物理属性，几何属性主要指反射特征等，用于构造解释、层序划分和地震相研究；物理属性主要指振幅、频率、相位等，用于岩性和储层特征解释。Brown（1996）强调叠前及叠后分类并提出四类叠后地震属性：时间、振幅、频率及衰减属性。Chen 以运动学和动力学为基础把地震属性分为振幅、频率、相位、能量、波形、衰减、相关和比值等几大类（表5-1）。其中，按照 Brown 分类中频率和振幅属性主要反映的是储层物性特征，如流体的变化、储层孔隙度的变化、储层含油性等；时间类属性主要反映地层构造特征，描述地层构造形态；衰减属性可以预测砂泥岩分布，也可直接预测油气的存在；因此有效地使用地震属性的关键是找准与储层岩石物性敏感的地震属性。属性分类并不是目的而是过程，主要是为帮助我们对地下地质体有更清楚地认识和了解。

表5-1　地震属性分类表

种类	振幅	波形	频率	衰减	相位	相关	能量	比率
属性	瞬时真振幅、瞬时振幅积分、瞬时真振幅乘以瞬时相位的余弦、基于分贝的反射强度、反射强度的斜率、平均振动能量、平均振动路径长度、峰值振幅的最大值、谷值振幅的最大值、综合绝对值振幅、复合绝对值振幅、均方根振幅、复合包络差值、目标区顶—底谱比率、振幅斜率	视极性、平均振动路径长度、峰值振幅的最大值、谷值振幅的最大值、振幅峰态	瞬时频率、振幅加权瞬时频率、能量加权瞬时频率、瞬时频率的斜率、响应频率、平均振动路径长度、平均零交叉点、带宽额定值、主频额定值、第一、二、三个谱峰值频率、衰减敏感带宽	衰减敏感带宽、瞬时频率斜率、反射强度斜率、相邻峰值振幅之比、自相关峰值振幅之比、目标区顶底振幅比、顶—底频谱比、振幅斜率	瞬时相位、瞬时相位余弦、瞬时真振幅乘以瞬时相位的余弦、滤波反射强度乘以瞬时相位的余弦、响应相位	相关 KLPC1、相关 KLPC2、相关 KLPC3、相关 KLPC 比、相关长度、平均相关、集中的相关、相关峰态、相关极小值、相关极大值、相似系数、……	瞬时真振幅乘以瞬时相位的余弦、反射强度基于分贝的反射强度、反射强度的斜率、滤波反射强度基于分贝的能量、反射强度的斜率、滤波反射强度乘以瞬时相位的余弦、平均振动能量、复合包络差值、主功率谱、主功率谱的中心有限频率带宽能量、功率谱对称性、功率谱斜率、相对半值时间	特定能量与有限能量之比、相邻峰值振幅之比、自相关振幅峰值之比、目标区顶-底振幅比、目标区顶-底频谱比、正负振动之比、相关 KLPC 之比

种类	振幅	波形	频率	衰减	相位	相关	能量	比率
地质意义	岩性、流体的变化，储层孔隙度的变化，河流、三角洲砂体，礁体，不整合面，地层调谐效应，地层层序变化	含油气异常、流体的变化、岩性的变化	气体、流体的特征，岩性、礁体、不整合、层序、裂缝、调谐效应	岩性的变化，岩性尖灭，地层序列，河流、三角洲砂体	岩性、河道与三角洲砂岩、不整合面、地层序列、裂缝	断层、岩性尖灭、数据品质、杂乱反射	岩性尖灭，地层序列，河流、三角洲砂体	石灰岩和碎屑岩的差异、含油气异常、岩性变化

地震属性参数是地下地质结构、岩性和所含流体性质等多种因素的综合反映。因此，利用地震属性参数的综合分析可以对地下地质结构、岩性和所含流体进行分析和研究，进而预测和描述储集层的发育规律。地震属性提取是指在收集资料、了解地质概况、明确地质目标之后，从地震数据中形成地震属性的过程。不同的地震属性所对应的地质含义不同。

任意一种单一地震属性基本上都只是从某一侧面反映储层的发育程度和含流体特性，不同的地震属性对应的地质含义往往不同，且不同的地震属性间的关系又是错综复杂的。在不同工区、不同储层同一种地震属性对所预测目标的有效性也是各不相同的。所以，需要优选出能对目标储层预测有帮助的属性，剔除对目的层预测有干扰的地震属性。

识别薄砂岩敏感属性优选分两步，首先进行属性初选：从八大类属性（振幅、波形、频率、衰减、相位、相关、能量、比值）中初选出识别扇体河道敏感的四大类地震属性（振幅、相关、衰减、能量），然后进行优选：依次分析初选的四大类地震属性和薄砂岩之间的对应关系，从中优选出薄砂岩的敏感地震属性。最后，经过优选的地震属性应该满足以下条件：（1）地震属性与研究对象相关性较高，能够对样本进行有效分类；（2）需要剔除对目的层有干扰的地震属性，优选出能对储层预测有帮助的地震属性。

方法：沿 SQ2—SB3—SB1 层段下开时窗提取不同属性，与已知井砂岩厚度进行相关分析，从中优选出敏感属性。

五、RGB 分频融合技术

在地震地貌特征的表征方面，平面地震属性是定量表征手段。地震属性分为针对外形刻画的属性和针对内部结构刻画的属性。但任何单一属性都是从一个侧面对地震相进行表征。为了能对地震相有一个全面和综合的描述，同时也为了能提供给解释人员更多的信息以便于对沉积相进行综合解释，可以以平面为单元，将多个属性综合到一起来显示，用这种复合属性作为地震地貌和沉积相表征的手段。为此，借助 RGB 分频融合技术，将多种颜色域属性或者是分频体合成显示。

RGB 分频融合技术集成了小波分频和 RGB 色彩融合两项技术，核心为小波分频技术，辅助为 RGB 色彩融合技术。

1. 小波分频技术

Chakraborty 等阐述了利用小波变换的方法进行时频分析，它是一种多尺度（MRA）

方法，对不同频率用不同尺度进行分析，在低频区有很好的频率精度，而在高频区有很好的时间分辨能力，在实际应用中还可以满足要求。目前发展了很多种小波变换方法，常用的有 Morlet 小波、Marr 小波、Daubechies 小波和 Meyer 小波等。

Ricker 子波广泛应用于地震模型计算、层位标定以及反演中，Ricker 子波表达式如下。

时间域为

$$w(t) = (1 - 2\pi^2 f_m^2 t^2)\,\mathrm{e}^{-\pi^2 f_m^2 t^2}$$

频率域为

$$w(f) = 2\sqrt{2\pi}\left(\frac{f}{f_m}\right)^2 \mathrm{e}^{-\left(\frac{f}{f_m}\right)^2}$$

因为小波变换具有变时窗的特点，低频和高频信息都有很高的可靠性，因此该方法采用小波变换做为时频分析的基本算法。

Marr 小波是实数小波，计算简单、速度快，Marr 小波既满足小波变换的容许条件，又具有良好的局部性能，尤其是 Marr 小波在频率域和时间域的形态与 Ricker 子波一致，因而其具有较强的物理意义。Marr 小波为高斯函数的二阶导数，Marr 小波的母函数公式如下。

时间域为

$$\phi(t) = (1 - t^2)\,\mathrm{e}^{-\frac{t^2}{2}} = -\frac{\mathrm{d}}{\mathrm{d}t^2}(\mathrm{e}^{-\frac{t^2}{2}})$$

频率域为

$$\Psi(\omega) = \sqrt{2\pi}\,\omega^2 \mathrm{e}^{-\frac{\omega^2}{2}}, \qquad \Psi(\omega = 0) = 0$$

将 Marr 小波中时间域表达式中 t 用 $\sqrt{2\pi}f_m t$ 替换，就是 Ricker 子波的表达式，因此 Marr 小波在频率域和时间域的形态与 Ricker 子波一致，可以用 Marr 小波模拟 Ricker 子波对地震记录进行分频。

用 Marr 小波模拟不同频率的 Ricker 子波对地震信号进行分频处理，其处理的结果信号具有明确的物理意义，这是其他小波分频所不具备的优势。

Marr 小波构造简单、计算速度快，具有可变时窗的优点，低频和高频信号的准确性远高于短时傅里叶变换（STFT）（图5-13）。

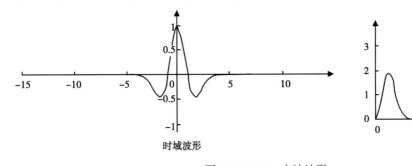

图 5-13　Marr 小波波形

Marr 小波可以模拟 Ricker 子波对地震记录进行分频，分频记录即是分频子波的地震响应，相当于做了一次反褶积，有效地提高了分辨地质体的精度（图 5-14）。

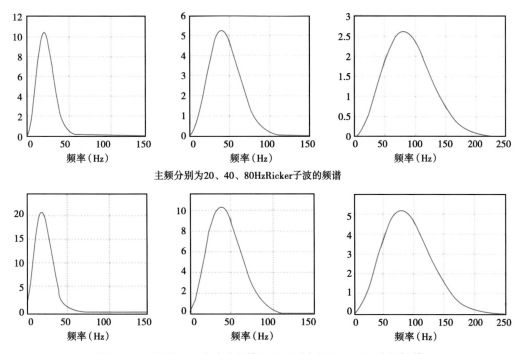

主频分别为20、40、80HzRicker子波的频谱

图 5-14　利用 Marr 小波分频模拟的不同主频 Ricker 子波的频谱

利用 Marr 小波进行分频处理时，如果严格按照倍频关系进行分频，就具有严格的可逆性及各个分频后的信号相加能够恢复原始信号，计算误差极小（图 5-15）。

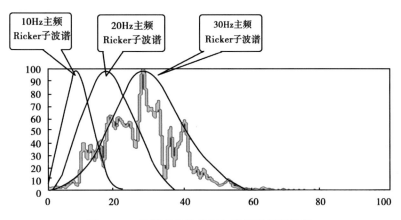

图 5-15　分频后的信号相加恢复的原始信号

利用小波分频技术制作了 10~80Hz 的 8 个单频体，倍频是 10Hz。在制作单频体地层切片及 RGB 分频融合切片之前，首先要对原始地震资料的频谱进行分析。图 5-16 是过 LIMAPH-1 井的一条主测线，主频 20Hz。

图 5-17 是 LIMPAH-1 井测井相和时频分析的综合标定剖面。目的层段 SQ2 地层自下

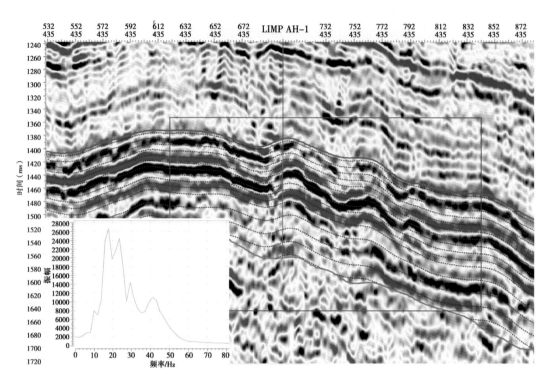

图 5-16　Line435 地震剖面频谱分析

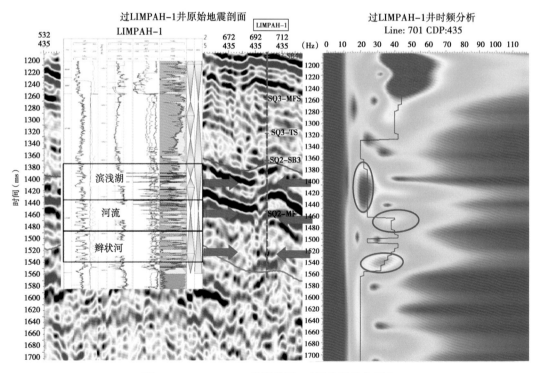

图 5-17　LIMPAH-1 井测井相+时频分析综合标定

而上分别为辫状河相、河流相和滨浅湖相；下部的辫状河在时频分析剖面上能量主要集中的30Hz左右，中部河流相是在时频分析剖面上能量主要集中在40Hz左右，而上部的滨湖相时频分析剖面上能量集中在20Hz。

根据以上对目的层段频谱资料及各沉积相的时频特征分析，从中优选出20IIz、30Hz、40Hz三个频率（图5-18），并分别制作了这三个频率单频体的地层切片。

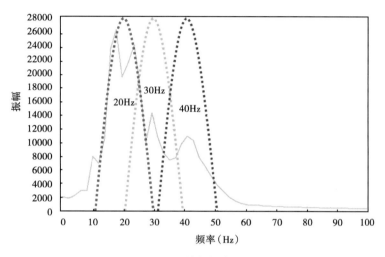

图 5-18 单频频率优选

2. RGB 色彩融合技术原理

由谱分解技术获得的信息在地震解释中的应用就是检测和比较地震体的不同频带的响应。常规算法是以二维谱的形式出现，原始三维地震体的时频体就是四维，数据量大大增加，信息也会大大冗余，用常规方法很难直观显示，给后续解释工作带来极大困难，无法实现工业化生产。RGB 色彩融合技术借用了色谱调配方法将四维时频信息三维表达，既直观也有地质意义，便于大规模工业化分析。

原色是指不能通过其他颜色的混合调配而得到的"基本色"。以不同比例将原色混合，可以产生出其他的新频色。以数学的向量空间来解释色彩系统，则原色在空间内可作为一组基底向量，并且能组合出一个"色彩空间"。肉眼所能感知的色彩空间通常由三种基本色所组成，称为"三原色"。一般来说叠加型的三原色是红色、绿色、蓝色，而消减型的三原色是品红色、黄色、青色。在传统的颜料着色技术上，通常红、黄、蓝会被视为原色颜料，也就是通常所说的"原料三原色"。原色并非是一种物理概念，反倒是一种生物学的概念，是基于人的肉眼对光线的生理作用。人的眼球内部有椎状体，由分别感受红绿蓝的三根神经组成，能够感受到红光、绿光与蓝光，因此人类以及其他具有这三种感光受体的生物称为"三色感光体生物"，所以只需要红绿蓝三种颜色，就能完全再现出人能感受到的所有颜色。虽然眼球中的椎状体并非对红绿蓝三色的感受度最强，但是肉眼的椎状体对这三种光线频率所能感受的带宽最大，也能够独立刺激这三种颜色的受光体，因此这三色被视为原色。

为了有效利用地震频率信息，合理显示每个样点的优势频率，分别用红、绿、蓝三种颜色，表示低、中、高分频信息，然后按分频能量比较结果做色彩叠加显示。三原色剖面作为一种频率信息，对构造解释、沉积相解释及岩性解释都有帮助。

为了有效利用地震频率信息，合理显示每个样点的优势频率，我们利用改进的广义 S 变换对地震数据进行小波分频得到一系列具有一定宽度通频带的单频体，根据原始数据体的频谱分析，优选三个互不重叠的低、中、高频的单频体，将它们分别对应 R（红）、G（绿）、B（蓝）三原色，RGB 值的大小与单频体的振幅能量有关，计算每个单频体内振幅的平均值，得到对应于低、中、高频的三个特征，然后按 RGB 模式进行融合。其基本原理可以表示成

$$C_{out}(x, y, z) = C(I_R(x, y, z), I_G(x, y, z), I_B(x, y, z))$$

式中，$C_{out}(x, y, z)$ 为输出数据体在点(x, y, z)赋予的颜色值；$I_R(x, y, z)$、$I_G(x, y, z)$ 和 $I_B(x, y, z)$ 分别为点(x, y, z)的像数值，分别用来控制红、绿及蓝的贡献。

采用小波分频技术得到的单频体，按上述分析确定的三个频带分别提取振幅属性切片，低频带的地层切片用 R（红色）显示，中频带的地层切片用 G（绿色）显示，高频带的地层切片用 B（蓝色）显示，最后将低、中、高的三张地层切片融合在一起，得到 RGB 色彩融合切片（图 5-19）。从图 5-20 中可以清楚地分辨古构造高点、断层以及各种沉积现象。

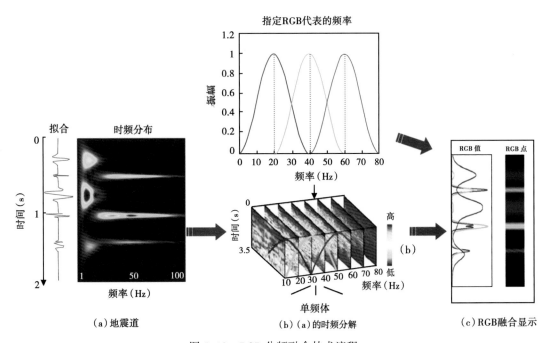

图 5-19　RGB 分频融合技术流程

依次将低、中、高三个频率各 100 张地层切片进行 RGB 分频融合，得到每个地层切片的分频融合切片（图 5-21），将这些切片叠合起来，按一定时间间隔进行播放，即可直观地观察各种不同沉积相的演化过程。

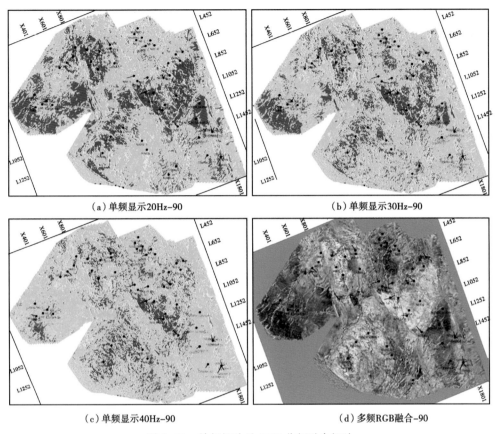

（a）单频显示20Hz-90 （b）单频显示30Hz-90

（c）单频显示40Hz-90 （d）多频RGB融合-90

图 5-20 单频切片及 RGB 分频融合切片

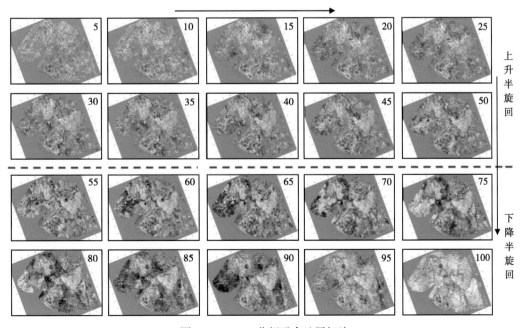

图 5-21 RGB 分频融合地层切片

第四节　沉积相平面展布及沉积演化规律

一、沉积相平面展布

在古地貌、单井相和剖面相研究的基础上，建立典型沉积相—地震相模式，并建立测井相—地震相识别标志，开展地震属性分析，将地震相转换为沉积相。

地震沉积相解释步骤如下：

（1）选择具特征反射结构和外形的井旁道地震相（它们往往代表了沉积盆地中的骨架沉积相，沉积环境和岩相意义简单明了）与单井的岩相及岩相组合建立对应关系，明确地震相的地质意义，通过岩相及岩相组合与沉积相建立的对应关系，建立单井沉积相与井旁道地震相的对应关系。充分利用已有钻井、测井等资料，尤其是岩心分析资料，同地震相、测井相相互配合印证。

（2）对连井剖面地震相与连井剖面沉积相进行分析、对比，建立连井剖面地震相与连井剖面沉积相的对应关系，标出各层段内的反射终端（上超、下超、顶超、削截）位置或反射同相轴变化位置（反射振幅、频率和连续性的变化），确定地震相（沉积相）的边界，检查地震相（沉积相）横向及纵向组合的合理性，必要时修改解释方案。

（3）考虑地震相的古地理位置及地震相的组合，以沉积相共生组合关系和沉积关系理论为指导，结合地质模型及单井相特征，将地震平面相转换为沉积平面相，精细刻画沉积相的展布特征。

冲积扇：岩性以砾岩和粗砂岩为主，分选较差；测井曲线为锯齿状，特征明显，小型箱形响应特征；地震剖面上表现为楔状前积低频杂乱反射（图5-22）。

辫状河：岩性以中、粗砂岩为主，发育交错层理；测井曲线为高幅的箱形；地震剖面上表现为席状平行—亚平行、中—低频较连续反射（图5-22）。

河流相：岩性以中、细砂岩为主，发育小型交错层理；测井曲线多表现为钟形、小型箱形；地震剖面上表现为席状平行连续地震相特征，自下而上频率逐渐增高，振幅逐渐增强（图5-22）。

湖泊相：在断陷湖盆的构造低部位发育，由于沉积水体相对较深，能量较弱，沉积物多为细粒的砂泥岩沉积。在地震剖面中，湖泊相多表现为较连续低—中振幅地震相及亚平行变振幅反射结构。

在对地震属性进行分块叠后处理后，分别对上升半旋回和下降半旋回属性进行了优选。上升半旋回：地震属性能够反映沉积相的横向变化，暖色是冲积扇和辫状河的地震响应，冷色是湖泊相的地震响应（图5-23）。下降半旋回：地震属性能够反映沉积相的横向变化，暖色是河流相的地震响应，冷色是湖泊相的地震响应（图5-24）。

根据地震相向沉积相的转换原则和转换步骤，将各组段的地震相平面图转换为沉积相平面图，揭示LTAF组层序格架内沉积相展布规律。

LTAF组上升半旋回：发育冲积扇、辫状河和滨浅湖—深湖三种沉积相：冲积扇主要受古地貌控制，发育于古构造的周边部位，呈短轴裙带状展布；辫状河主要位于研究区的北部和东南部；古构造的低部位主要发育滨浅湖—深湖沉积（图5-25）。

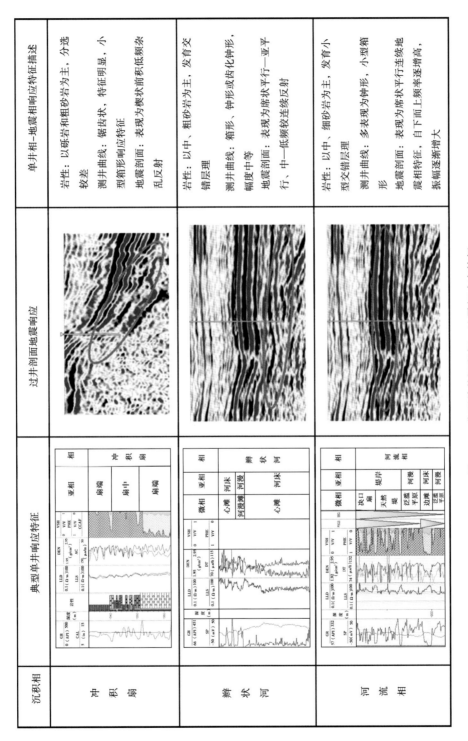

沉积相	典型单井响应特征	过井剖面地震响应	单井相—地震相响应特征描述
冲积扇			岩性：以砾岩和粗砂岩为主，分选较差 测井曲线：锯齿状，特征明显，小型箱形响应特征 地震剖面：表现为楔状前积低频杂乱反射
辫状河			岩性：以中、粗砂岩为主，发育交错层理 测井曲线：箱形、钟形或齿化钟形，幅度中等 地震剖面：表现为席状平行—亚平行、中—低频较连续反射
河流相			岩性：以中、细砂岩为主，发育小型交错层理 测井曲线：多表现为钟形、小型箱形 地震剖面：表现为席状平行连续地震相特征，自下而上频率逐渐增高，振幅逐渐增大

图 5-22 典型单井沉积相—地震相响应特征

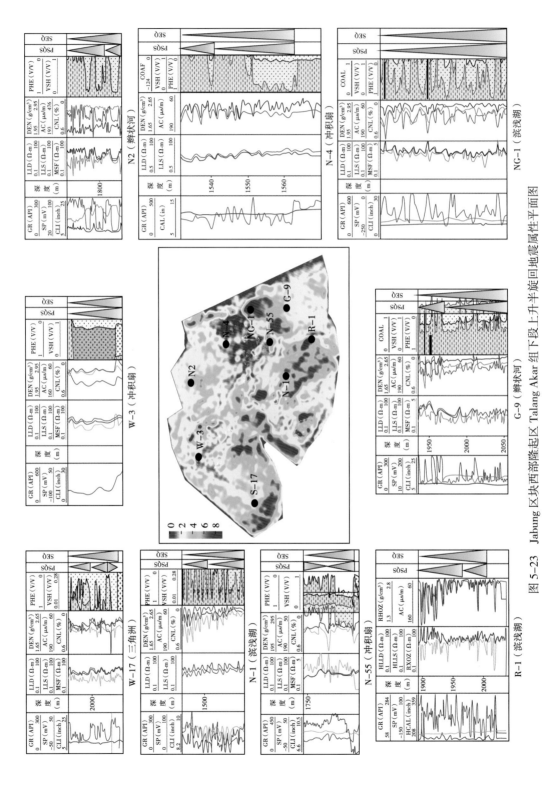

图 5-23 Jabung 区块西部隆起区 Talang Akar 组下段上升半旋回地震属性平面图

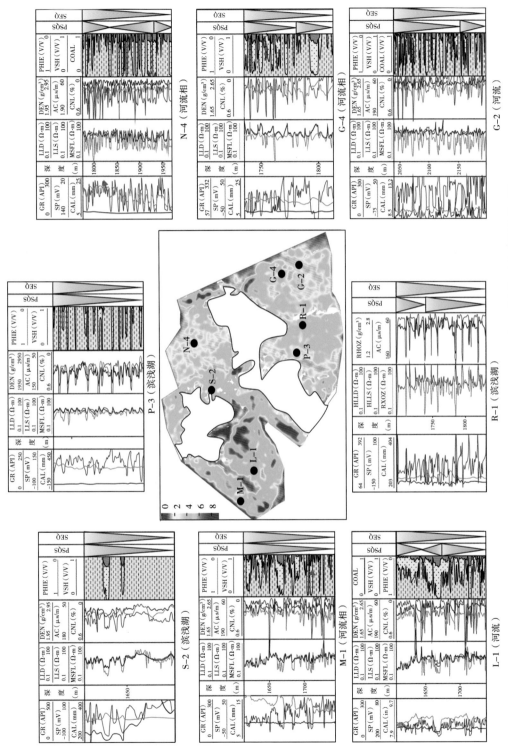

图 5-24　Jabung 区块西部隆起区 Talang Akar 组下段上升半旋回地震属性平面图

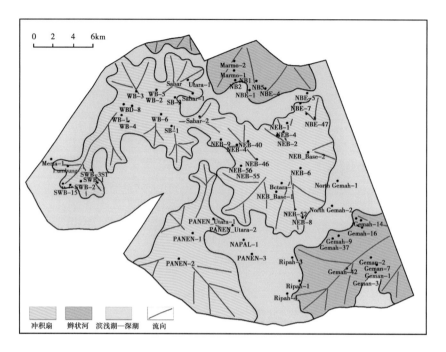

图 5-25　Jabung 区块西部隆起区 Talang Akar 组下段上升半旋回沉积相平面图

Talang Akar 组下段下降半旋回：发育河流相和滨浅湖—深湖两种沉积相，其中河流相发育于古构造的较高部位及研究区的北部和东南部；古构造的低部位主要发育滨浅湖—深湖沉积（图 5-26）。

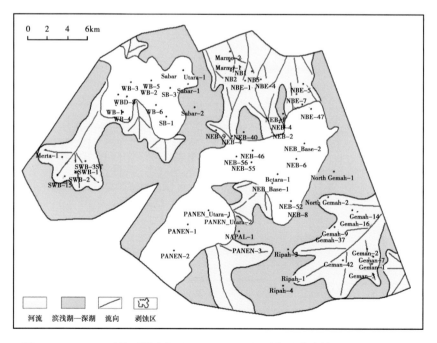

图 5-26　Jabung 区块西部隆起区 Talang Akar 组下段下降半旋回沉积相平面图

二、沉积演化规律

沉积演化规律研究主要是在地层切片技术的基础上，采用小波分频技术提取具有一定宽度通频带的单频体来制作单频体的地层切片，利用 RGB 色彩融合技术制作 RGB 融合地层切片用于沉积演化规律研究。另外，还可以对单频体进行瞬时属性处理，制作单频体的瞬时属性切片，再利用多属性 RGB 融合技术制作某一单频的多属性 RGB 融合切片。

研究地震资料的平面反射形态和沉积体系的对应关系，恢复沉积环境和沉积演化规律是地震沉积学研究的出发点和归宿，也是地震沉积学研究的核心。因此，地震沉积学中沉积体系演化分析就是以最小等时研究单元为纵向研究尺度，以地震岩石研究结论为解释量版，以 wheeler 域地震属性表征为主要沉积成像手段，试图从点、线、面和域的角度说明沉积相的平面及空间展布，还原沉积体的沉积过程和沉积环境。这种分析方法和传统地震地层学相比，它更强调通过平面的地震反射样式，结合区域沉积背景研究沉积相，所以地震资料平面沉积成像是地震沉积研究的中心环节。

地震地貌学强调在高分辨率的三维地震数据的可视化显示中，每个沉积要素（或单元）各自有其独特的形态和地震表现特征，而不同于构造古地貌的概念。地震地貌的核心思想就是在沉积等时面上对沉积特征进行地震成像，用一种平面解剖方式表征地震相，进而揭示沉积相。简而言之，以剖面解剖方式进行地震相分析的技术叫地震地层技术，而以平面解剖方式进行地震相表征技术叫地震地貌技术。

地震地貌学研究的意义在于沉积体系的宽度远远大于其厚度。换句话说，在剖面上无法识别沉积体，在平面上有可能得到识别与表征。所以，地震地貌强调以平面解剖方式表征地震相，并试图通过平面的沉积成像技术揭示沉积体系。

地震地貌学是在等时研究单元内以平面解剖方式表征地震相，其中地震相表征靠定量化属性实现，该地震相的沉积意义解释主要依据其平面反射所展现的形态特征来判定。此种方法可以展现剖面上无法识别的反射样式，有可能解决体系域下的准层组、准层序或 1~2 反射轴上地震相的表征问题，不但有利于地震相、测井相及岩性相三相结合，而且研究尺度上在层序地层研究和地震储层预测研究之间，起到承上启下的作用。

众所周知，冲积扇沉积在地震剖面上的反射特征主要表现为楔状前积低频杂乱反射特征，有时受到地震资料品质的制约难以识别。但是，通过井震结合以及剖面和平面对比相结合，可以清晰地刻画冲积扇的平面特征。NEB-9 井钻遇了冲积扇体，该扇体在地震剖面上为杂乱反射，利用三维可视化显示可以清晰地刻画出该扇体的发育范围（图 5-27）。

将平面地震地貌转化为沉积体系分布是一个综合分析的过程。第一，需要井震综合标定对原始地震剖面上的地震相进行分析，确定目的层段的地震相剖面特征。第二，参考前期层序地层大尺度沉积相研究结果和物源发育方向。第三，通过井间沉积对比以及对典型地震剖面的解析，建立初步的平面沉积模式。最后以能够反映地震地貌的多个平面沉积成像结果为背景、结合剖面反射特征，三相（地震相、测井相、岩心相）结合，采用人工的方式勾画出平面沉积体系分布。在这期间，井间沉积对比是基础，平面属性的相带解释是关键。

图 5-28 是拉平到 SQ4—MFS 的地震剖面，从这些地震剖面上看冲积扇特征很清楚，把地震剖面上冲积扇的范围刻画到平面上，通过多条典型剖面的刻画，即可勾画出可靠的沉积相平面展布图（图 5-29）。

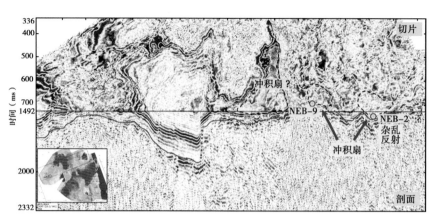

图 5-27　冲积扇沉积切片和剖面地震反射形态

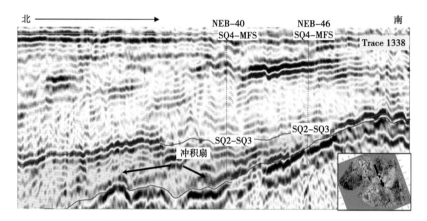

图 5-28　冲积扇典型剖面（Trace 1338）

针对同一地震地貌成像，不同的研究人员可能会有不同的沉积解释，但若从连续的年代由老到新的垂向上地震地貌进行对比分析，就会揭示沉积相的变迁和沉积演化规律，而且还可以大大降低某一层沉积解释的多解性。这主要是因为根据相序递变原则，纵向上成因相近的地质体，其沉积相的变化在横向上是相互联系的，在时间空间域中的演化是有规律的。因此，针对沉积地质体进行垂向上的、"域"演化角度的整体平面沉积解剖就显得相当重要。同时，这也是进行连续的沉积体系年代演化分析的优势所在。

按照从老到新的顺序，首先对每一张分频 RGB 融合地层切片进行观察；然后从地震地貌的相对连续性变化角度出发，观察某一沉积现象从出现、发育到消亡的过程，挑选个别能代表沉积相或沉积环境变迁的典型地层切片；最后以这些典型地层切片为基础，做平面沉积体系分析，再做细致的沉积演化分析。

通过细致的分析工作，研究区 Talang Akar 组下段发育冲积扇、辫状河、河流和湖泊等多种沉积相，不同地质沉积体的频率差异较大。根据对分频 RGB 融合切片的分析和地质解释，揭示了 Talang Akar 组下段的沉积演化规律：Talang Akar 组下段上升半旋回沉积时期发育冲积扇、辫状河和湖泊相，早期冲积扇和辫状河发育规模较大，晚期扇体和河道萎缩，规模变小；下降半旋回沉积时期发育河流和湖泊，早期河流相对规模较小，晚期河流规模变大（图 5-30）。

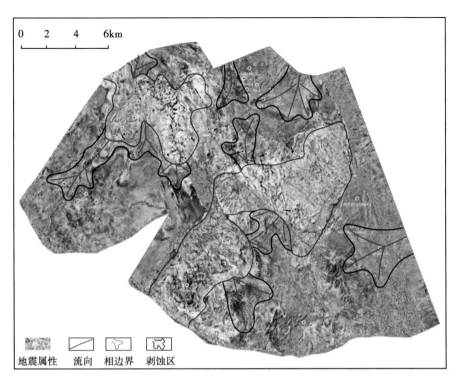

图 5-29　Jabung 区块西部隆起区 Talang Akar 组下段 10 张切片地震属性融合图

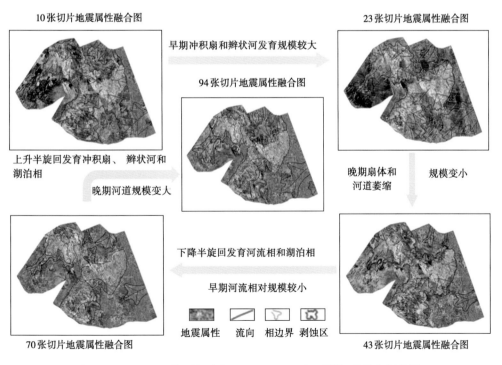

图 5-30　Jabung 区块西部隆起区 Talang Akar 组下段沉积演化规律图

第五节　储层综合预测

储层综合预测是岩性油气藏研究的关键技术之一。地震储层预测目的是在高精度等时地层格架下运用多种地球物理方法开展地震—地质综合方法研究，形成有效、实用的砂体识别方法，指导勘探部署。

要想高质量地完成项目所确定的研究任务，必须做好以下几方面工作：数据准备（地震数据、测井数据、层位及断层解释）与可行性分析（地震数据质量检查，包括地震数据动态范围分布是否正常，是否有多次波采集"脚印"等；测井数据质量检查及处理（包括曲线是否有异常峰值，曲线是否存在深度不匹配及井壁垮塌等）阶段、储层预测方法选取、综合解释及精度评价。首先进行测井资料的标准化（环境校正、归一化），提高测井资料的可靠性；其次结合钻井资料（包括钻井地质资料和测井资料）进行储层特征分析；最后寻求适合储层特征的地球物理方法开展储层反演。通过井震精细标定，开展储层精细反演，结合沉积相等地质研究，对储层砂体空间展布形态及砂体平面分布特征进行宏观预测。

一、资料可行性分析

1. 频谱分析

总体来说，Jabung区块西部隆起带三维地震资料质量较差，相位全区较稳定，但频率差别大，浅层主频高达50Hz，20Hz以下低频缺失，深层，主频20Hz但出现双频现象，10Hz以下低频缺失剖面局部缺道，剖面整体低频缺失严重（图5-31）。

2. 采集脚印分析

根据Jabung区块三维区不同时窗范围内均方根振幅属性分析，受采集年限不同以及后期连片处理质量的影响，在工区浅层（0~1000ms时窗内）存在一定的采集脚印，主要为不同年限采集的三维地震的振幅差异，深部采集脚印影响逐渐减弱，尤其是1500~2000ms时窗内，采集脚印不明显。因此，总体来说，采集脚印对于研究目的层Talang Akar组下段储层预测影响较小（图5-32）。

3. 岩石物理分析

研究区共有各类钻井227口，其中开发井、斜井较多，反演工作选择曲线质量好且能控制全区的50口井参与反演。收集到的测井曲线包括声波、密度、自然伽马、自然电位和深测向电阻率等常规测井曲线，以及部分井的横波曲线和后期解释的泥质含量曲线。

储层的测井响应特征，特别是储层的速度特征的分析是进行精细储层反演前的重要工作之一，储层与非储层的速度在曲线上能否分辨，是能否利用叠后反演来预测储层的基础。根据本节的储层划分结果，对该区反演井主要目标层段的储层测井响应特征，运用直方图的方法进行了统计分析。

统计结果表明，研究区砂泥岩阻抗重叠严重，影响预测结果（图5-33）。

通过对深层储层多种曲线交汇及直方图分析认为，标准化后泥质含量曲线和自然伽马曲线对储层有较强的识别能力（图5-33），而在诸多岩性、物性参数中，只有波阻抗和地震数据有直接相关，中子、自然伽马、孔隙度等参数的反演只能以波阻抗为桥梁，间接地利用地震信息。因此，要达到反演识别储层的目的，需要进行声波曲线重构。

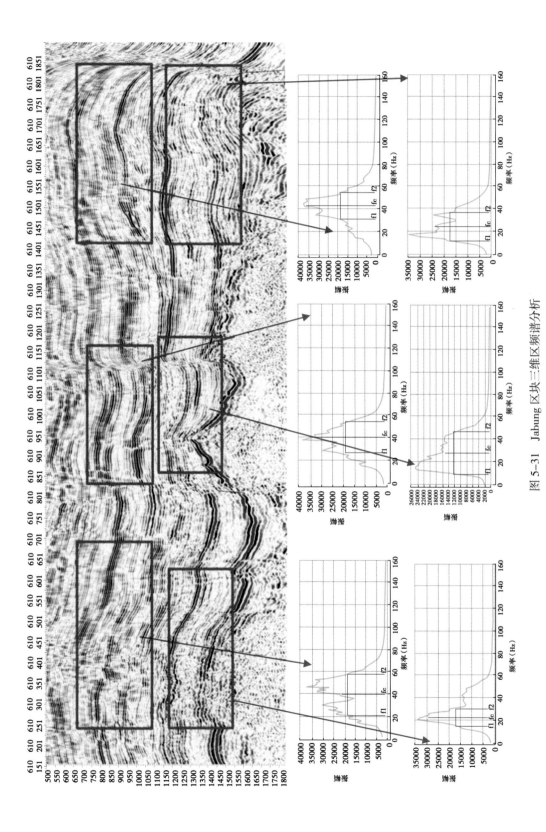

图 5-31　Jabung 区块三维区频谱分析

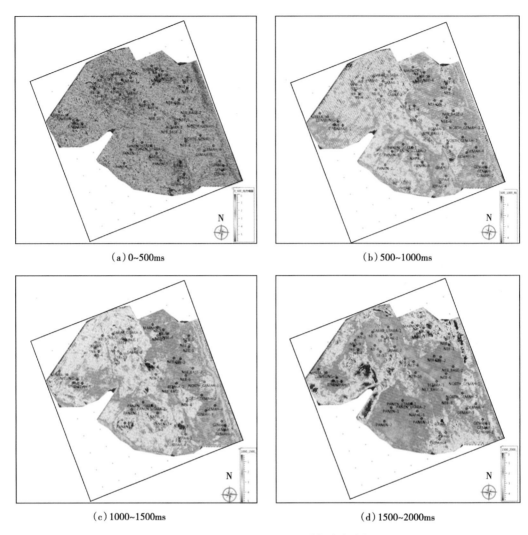

(a) 0~500ms

(b) 500~1000ms

(c) 1000~1500ms

(d) 1500~2000ms

图 5-32　Jabung 区块三维区采集脚印分析

　　储层预测中，通过对不同测井响应之间的相互对应关系及其与岩性和地震信息的分析，探索出了一套重构储层特征曲线，提高储层预测纵向分辨率的方法。储层特征曲线重构是以地质、测井、地震综合研究为基础，针对具体地质问题和反演目标，从岩石物理学出发，在多种测井曲线中优选，并重构出能反映储层特征的曲线。理论上，常规测井系列中的自然电位、自然伽马、补偿中子、密度、电阻率等测井曲线都可以用于识别储层，与声波时差建立较好的相关性，通过数学统计方法转换成拟声波时差曲线，实现储层特征重构。储层特征曲线重构就是根据储层预测目标，综合有利于储层预测的相关信息，得到一条能够突出储层分辨率的特征曲线，使它既能反映地层速度和波阻抗的特征，又能反映岩性差异，从而建立起更好反映储层特征与地震之间的关系，提高储层预测的精度。

　　本节研究采用声波时差曲线和 GR 曲线重构的方法进行处理。即结合声波曲线低频信息（地层背景速度）与敏感曲线高频信息（对地层岩性变化敏感），新的声波曲线 = 声波

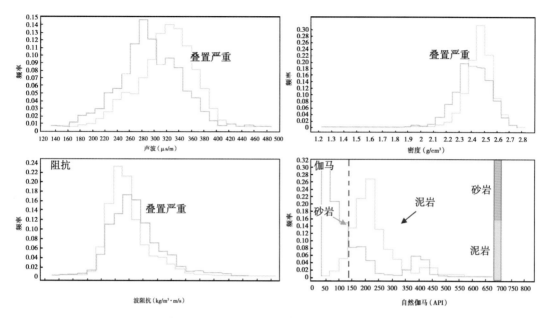

图 5-33 Jabung 区块不同层位砂泥岩直方图

低频成分+泥质含量 x 系数。声波低频成分保留声波曲线的总体变化趋势，而 GR 值×系数加入了 GR 曲线对岩性的反映。

标准化后的声波时差和标准化后的 GR 重构曲线能够有效区分砂岩和泥岩。可用重构曲线代替声波时差进行拟波阻抗反演，其核心是综合利用能反映地层岩性特征的曲线对声波时差曲线进行修正，构建一条拟声波曲线，用其作为约束条件，反演拟声波波阻抗以期达到分离砂泥岩的目的。

在区分岩性能力相同的情况下，哪个参数与波阻抗的相关性越好，反演效果就越好，结果就越可靠。因此储层特征曲线须满足两个条件：一是对岩性的敏感程度；二是与波阻抗曲线有较好的相关性。

重构后的阻抗曲线，既保留了阻抗的低频部分，保证了合成记录的准确性（图 5-34），同时达到区分储层的目的（图 5-35）。

在曲线重构中，首先正确分析研究区地质特点、测井响应特征，然后通过对测井曲线相关性分析，正确选择储层特征重构所用的测井曲线，根据储层特征优选储层特征曲线重构方法，保证利用重构曲线的合成记录与地震井旁道匹配，反演结果纵向分辨率提高和横向能够合理外推，并尽可能保证预测砂体与地质规律吻合。本节曲线重构主要考虑到以下因素：

（1）选择能够反映岩性目标的测井响应，该区主要选择 GR 曲线、泥质含量曲线；

（2）必须与研究区地质特征结合选择测井曲线，如岩屑含量较高或钾长石含量较高的地区不能用自然伽马，地层水矿化度与钻井液滤液矿化度基本一致时不能用自然电位，储层与非储层电阻率特征相差明显的地层可用电阻率等；

（3）重构前必须对测井曲线进行预处理和标准化；

（4）考虑地层声波低频模型必须考虑欠压实等造成的声波低频模型随深度的变化规律；

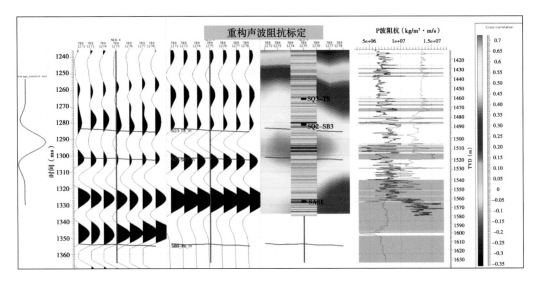

图 5-34　声波曲线重构前后合成记录标定对比图

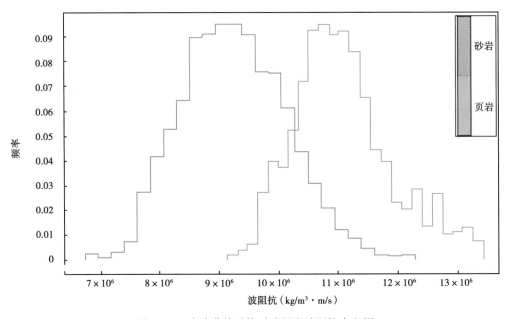

图 5-35　声波曲线重构后砂泥岩波阻抗直方图

（5）考虑与录井、岩性剖面、反演目标信息结合，优选声波时差与 GR 进行曲线重构；

（6）重构的储层特征曲线使合成记录与井旁道匹配，在平面上能够合理外推。

二、储层预测方法

地震反演是利用地表观测地震资料，以已知地质规律和钻井、测井资料为约束，对地下岩层空间结构和物理性质进行成像（求解）的过程，也是一种把常规的界面型地震反射剖面转换成岩层型的可与测井资料直接对比的剖面的过程。

油气领域地震反演的关键步骤可概括为：（1）测井曲线预处理及标准化；（2）单井波阻抗反演模型建立；（3）子波提取；（4）低频模型建立；（5）反演参数优化；（6）反演结果解释。其中，初始模型的建立是关键！初始模型是测井约束反演处理的控制因素，建立尽可能接近实际地层条件的波阻抗模型，是减少其最终结果多解性的根本途径。其中初始模型的低频分量对反演非常重要，它既能反映纵向上的压实变化，使反演的速度和波阻抗具有随深度而变化的趋势，又能反演平面沉积背景差异。然而如何构建精度更高的初始模型仍然是地震反演目前面临的难题之一。

业界常用建模方法为：在精细地层格架内，定义层序单元，进而设置各层序之间的接触关系（目前包括顶平行、底平行、顶底平行、尖灭等），得到能够精细刻画真实地层特征的层序体，再利用标定后的井曲线在层序体的控制下进行属性插值得到初始模型。属性插值方式目前常用的为克里金插值、反距离加权插值、三角函数插值及径向基函数插值等。上述方法均是利用数学手段进行插值，插值结果受到相邻井影响，且缺少地质指导。故此很难建立一个符合沉积规律的初始模型。

常规的初始模型建立方法只能在井点处保证模型的准确性，而无法保证初始模型在井间变化的合理性。所谓高精度初始模型应是既能保证井点处模型的准确性，又能使井间的变化尽量符合地质认识，如包含地质体的波阻抗背景、方向和边界信息。为解决该问题，本节提出相控约束建模方法，将沉积相中包含的地质体的信息加入初始模型中，提高初始模型的精度和合理性，进而达到提高反演质量的目的。

1. 相控反演流程

本节采用的相控初始模型建立方法，是在常规的建模方法中加入沉积相边界和方向控制，具体实施流程如下。

1）将解释好的沉积相数字化，并赋予优先级别

赋予沉积相类型优先级别后，即使平面解释的沉积相有重叠，也可按优先级别判断如何处理。

2）克里金变差函数分析

克里金插值法不仅能够进行变差函数分析，而且能更好地模拟沉积相展布规律，因此一般在相控建模时选用该方法匹配相控建模。利用目的层各井的测井波阻抗值在平面上的变化规律自动拟合出变差椭圆，一般主变程方向为顺物源方向，变程为该方向下沉积体平均的展布长度，次变程方向为垂直物源方向，变程为该方向下沉积体平均的展布宽度。

3）建立模型

确定好插值方法和参数后，开始插值。首先通过优势相带内的井进行插值，得到沉积相模型1，再利用非优势相带内的井插值得到模型2，最后将所有单相带模型组合起来，并对相带边界进行平滑过渡，得到相控初始模型。

4）地震波形指示相控反演

在稀疏脉冲反演的基础上进行地震波形相控反演。

2. Jabung 区块 Talang Akar 组下段薄层砂体相控反演方法

在薄储层地质条件下，由于地震频带宽度的限制，基于普通地震分辨率的直接反演方法，其精度和分辨率都不能满足油田开发精度的要求。基于模型地震反演技术以测井资料丰富的高频信息和完整的低频成分补充地震有限带宽的不足，可获得高分辨率的地层波阻

抗资料，为薄层油（气）藏精细描述创造了有利条件。

分析表明，Jabung区块Talang Akar组下段地震资料主频较低，储层为砂泥岩薄互层预测难度大，此外，该区波阻抗曲线砂泥岩叠置严重，依靠传统的叠后波阻抗反演几乎无法实现该区储层的预测。针对这些问题，通过对Talang Akar组下段岩石地球物理分析，采用基于GR岩性反演和相控反演相结合，进行精细储层预测。

（1）相控储层预测反演。

地震波形指示相控反演（SMI）是高精度储层反演技术，采用独创的"地震波形指示马尔科夫链蒙特卡洛随机模拟（SMCMC）"专利算法，在地震波形的驱动下，挖掘相似波形对应的测井曲线中蕴含的共性结构信息，进行地震先验有限样点模拟。SMI和传统的地质统计学反演相比，具有精度高、反演结果随机性小的特点，且更好地体现了"相控"的思想，使反演结果从完全随机走向了逐步确定，可以为储层高精度预测提供更好的技术解决方案。

（2）约束稀疏脉冲反演。

稀疏脉冲反演是目前较为成熟的反演方法。约束稀疏脉冲反演是基于道的反演，其实质就是在阻抗趋势的约束下，用最少数目的反射系数脉冲达到合成记录与地震道的最佳匹配。

传统的地质统计学反演是通过分析有限样本来表征空间变异程度，并依此估计预测点的高频成分。地震的作用是保证中频带符合地震特征（后验）。由于地质统计学统计方法是基于空间域样点分布的，因此模拟结果受样点分布的影响，对井均匀分布的要求较高。此外，变差函数的统计尤其是变程的确定往往不能精细反映储层空间沉积相的变化，导致模拟结果平面地质规律性差，随机性强。

地震波形指示相控反演是在传统地质统计学基础上发展起来的新的统计学方法。其基本思想是在筛选统计样本时参照波形相似性和空间距离两个因素，在保证样本结构特征一致性的基础上按照分布距离对样本排序，从而使反演结果在空间上体现了沉积相带的约束，平面上更符合沉积规律和特点（图5-36、图5-37）。

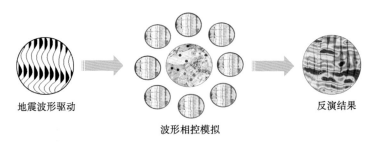

地震波形驱动　　　　波形相控模拟　　　　反演结果

图5-36　地震波形指示反演原理图解

波形指示反演的算法思想：

（1）优选样本。利用地震波形相似性特征，代替变差函数优选样本井。

（2）初始模型。在小波域对样本井曲线进行多尺度分析，确定统计样本中的共性结构作为初始模型，同时分析曲线旋回结构特征。

（3）结构化模拟。在贝叶斯框架下对初始模型的高频成分进行模拟（马尔科夫链—蒙特卡洛），使模拟结果符合地震中频阻抗和井曲线结构特征（条件分布概率）。

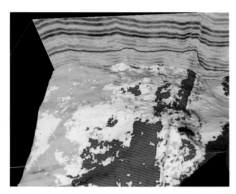

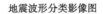

地震波形分类影像图

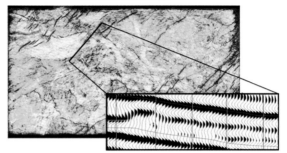

图 5-37　地震波形指示反演原理图解

波形指示反演的优点：

（1）在贝叶斯框架下将地震、地质和测井的信息有效结合，利用地震信息指导井参数高频模拟，是一种全新的井震结合方式，较好地减少地震噪声对反演结果的影响；

（2）利用地震波形特征代替变差函数分析储层空间结构变化，提高了横向分辨率，更符合平面地质规律；

（3）采用全局优化算法，反演确定性大大增强（从完全随机到逐步确定）；

（4）对井位分布没有严格要求，适应性更广。

三维地震是分布密集的空间结构化数据，反映了沉积环境和岩性组合的空间变化。波形指示反演是在空间结构化数据指导下不断寻优的过程，参照空间分布距离和地震波形相似性两个因素对所有井按关联度排序，优选与预测点关联度高的井作为初始模型对高频成分进行无偏最优估计，并保证最终反演的地震波形与原始地震一致。

地震波形指示相控反演步骤如下。

（1）按照地震波形特征对已知井进行分析，优选与待判别道波形关联度高的井样本建立初始模型，并统计其纵波阻抗作为先验信息。传统变差函数受井位分布的影响，难以精确表征储层的非均质性，而分布密集的地震波形则可以精确表征空间结构的低频变化。在已知井中利用波形相似性和空间距离双变量优选低频结构相似的井作为空间估值样本（图 5-38）。

（2）将初始模型与地震频带波阻抗进行匹配滤波，计算得到似然函数。如果两口井的地震波形相似，表明这两口井大的沉积环境是相似的，虽然其高频成分可能来自不同的沉积微相，差异较大，但其低频具有共性，且经过井曲线统计证明其共性频带范围大幅度超出了地震有效频带带

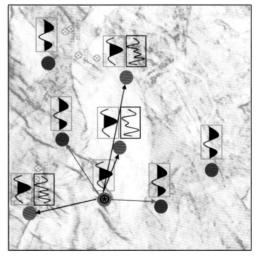

● 已钻井　　⊛ 待预测

图 5-38　地震波形指示反演原理图解

宽。利用这一特性可以增强反演结果低频段的确定性，同时约束了高频的取值范围，使反演结果确定性更强（图5-39）。

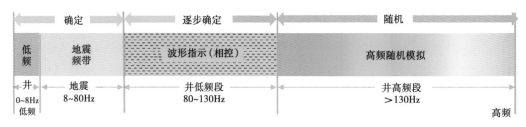

图5-39　地震波形指示反演原理图解

（3）在贝叶斯框架下联合似然函数分布和先验分布得到后验概率分布，并将其作为目标函数，不断扰动模型参数，使后验概率分布函数最大时的解作为有效的随机实现，取多次有效实现的均值作为期望值输出（图5-40）。

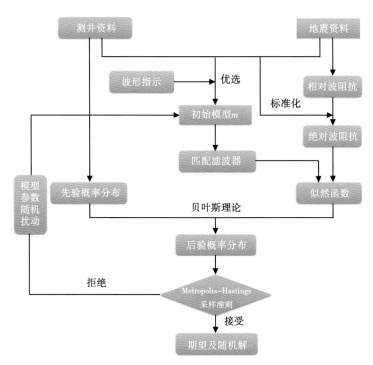

图5-40　地震波形指示反演SMI流程图

实践表明，基于波形指示优选的样本，在空间上具有较好的相关性，可以利用马尔科夫链-蒙特卡洛随机模拟进行无偏、最优估计，获得期望和随机解。

$$Z(x_0) = \sum_{i=1}^{n} \lambda_i Z(x_i)$$

式中，$Z(x_0)$为未知点的值；$Z(x_i)$为波形优选的已知样本点的值；λ_i为第i个已知样本点对未知样点的权重；n为优选样本点的个数。

和传统基于变差函数的随机反演相比，波形指示反演更好地体现了"相控"的思想，具有精度高、反演结果随机性小的特点，使反演结果从完全随机走向了逐步确定，并且适合于不均匀井位分布，可以为评价—开发阶段薄储层提供更可信赖的定量预测模型。

（3）反演处理的主要环节。不论采用什么反演方法，都需要开展基础资料（包括地震、测井、岩性等）、储层物理特征、子波提取、模型优化等方面的分析。其最主要环节见图5-41。

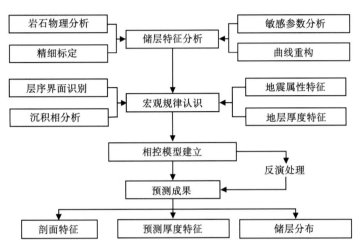

图 5-41　相控储层预测思路

①储层地球物理特征分析。

测井资料，尤其是声波和密度测井资料，是建立初始模型的基础资料和地质解释的基本依据。通常情况下，声波测井受到井孔环境（如井壁垮塌、钻井液浸泡等）的影响而产生误差，同一口井的不同层段，不同井的同一层段误差大小亦不相同。因此，用于制作初始波阻抗模型的测井资料必须经过环境校正。

②地震子波提取。

子波是地震反演中的关键因素。子波与模型反射系数褶积产生合成地震数据，合成地震数据与实际地震资料的误差最小是终止迭代的约束条件。叠后地震子波提取常用两种方法：其一是根据已有测井资料与井旁地震记录，用最小平方方法求解。它是一种确定性的方法，理论上可得到精确的结果，但这种方法受地震噪声和测井误差的双重影响，尤其是声波测井不准而引起的速度误差会导致子波振幅畸变和相位谱扭曲。同时，方法本身对地震噪声以及估算时窗长度的变化非常敏感，使子波估算结果的稳定性变差。其二是目前比较实用有效多道地震统计法，即用多道记录自相关统计的方法提取子波振幅谱信息，进而求取零相位、最小相位或常相位子波。用这种方法求取的子波，合成记录与实际记录频带一致，与实际地震记录波组关系对应关系良好。

③建立初始波阻抗模型。

建立尽可能接近实际地层情况的波阻抗模型是减少多解性的根本途径。测井资料在纵向上详细揭示了岩层的波阻抗变化细节，地震资料则连续记录了波阻抗界面的深度变化，二者的结合，为精确地建立空间波阻抗模型提供了必要的条件。

建立波阻抗模型的过程实际上就是把地震界面信息与测井波阻抗正确结合的过程。相对于地震而言，是正确解释起控制作用的波阻抗界面。相对于测井来说，是为波阻抗界面间的地层赋于合适的波阻抗信息。初始模型的横向分辨率取决于地震层位解释的精细程度，纵向分辨率受地震采样率的限制。为了能较多地保留测井的高频信息，反映薄层的变化细节，通常要对地震数据进行加密采样，对测井资料进行有效的处理，得到能够反映反演目标变化规律的特征曲线，是提高储层预测的关键。

三、测井曲线校正及归一化

1. 曲线校正

由于野外测井作业测井仪器的差异和测井环境以及测量时间的不同等许多随机因素的影响，即使采用数控测井及严格的技术措施，测井曲线幅度也不可避免地要受到许多非地层的测量因素的影响。因此，测井资料预处理是测井、地震综合解释的一项重要的基础工作，它是保证综合解释精度的重要前提。

由于某种原因使某些测井曲线上会出现许多与地层性质无关的毛刺干扰。如声波测井中，由于声波探头与井壁的随机碰撞干扰，或在缝洞空隙和裂缝发育的地层中声波经过多次反射折射，使测出的声波曲线上出现许多毛刺干扰。显然，用这些具有统计起伏或毛刺干扰的测井曲线做数字处理，会给计算的地质参数带来很大的误差，必须设法把这些与地层性质无关的统计起伏和毛刺干扰滤掉，只保留曲线上反映地层特性的有用成分。

异常曲线经过校正后，质量得到较大提高，变化自然合理，能够满足反演的要求（图5-42），采用校正后的声波曲线制作合成记录与井旁地震道匹配程度明显提高（图5-43）。

2. 曲线标准化处理

高精度的测井资料和钻井地质资料，比较准确地反映了井孔内地层的岩性信息和含油气信息，是储层预测工作必不可少的第一手资料。同时，实钻井资料也可以用来验证储层预测结果的可靠性。

声波曲线标准化。对研究工区内所有井的声波曲线进行统计分析之后，发现相同层段、相同岩性的地层在不同井中录取时的测井响应值有所不同，井间曲线数据的标准刻度不一致，造成了部分井响应值的整体偏大或偏小。为了解决这个问题，经过测井、地质分析，发现SQ2—SQ3泥岩较发育，在全区分布比较稳定，测井响应有一定的规律性，因此选择该套为标准化处理的标志层段，采用直方图的方法，完成了各井声波曲线的标准化处理。

自然伽马曲线标准化。自然伽马曲线一般对一个研究工区的砂泥岩会有很好地反映，同一口井伽马曲线通过判断其数值高低以及幅差大小可有效判断砂泥岩，但是不同区域井的伽马曲线由于沉积环境变化以及不同物源沉积物放射性元素含量差异造成不同井无法用统一的伽马界限值来区分砂泥岩，因此，原始自然伽马曲线在多井综合应用过程中存在砂泥岩界限不清，无法用于岩性分析以及后续的研究工作，需要对伽马曲线进行标准化处理，即通过泥岩基线校正，使各井伽马曲线泥岩基线基本一致，砂泥岩幅差相对统一。本节主要从以下几个方面进行了处理。

单井泥岩基线偏移校正：对各井伽马曲线完成了基线偏移校正处理。处理后泥岩基线上下平直统一。

各井伽马曲线归一化处理：将各井伽马曲线的泥岩基线校正到统一值（100API），同

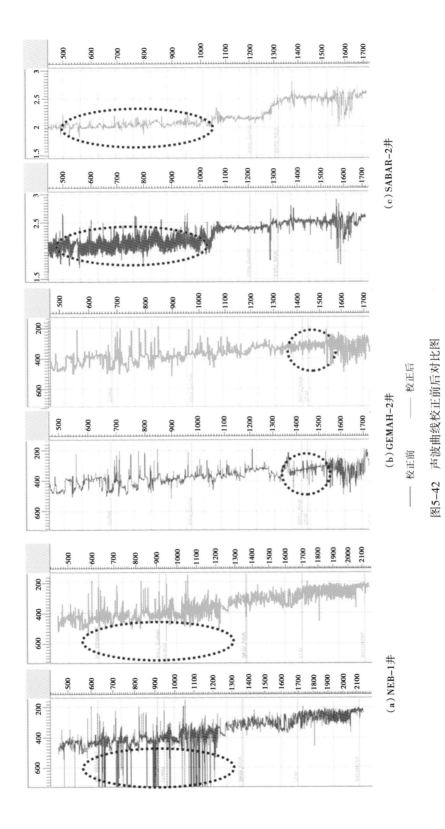

—— 校正前　　—— 校正后

图5—42　声波曲线校正前后对比图

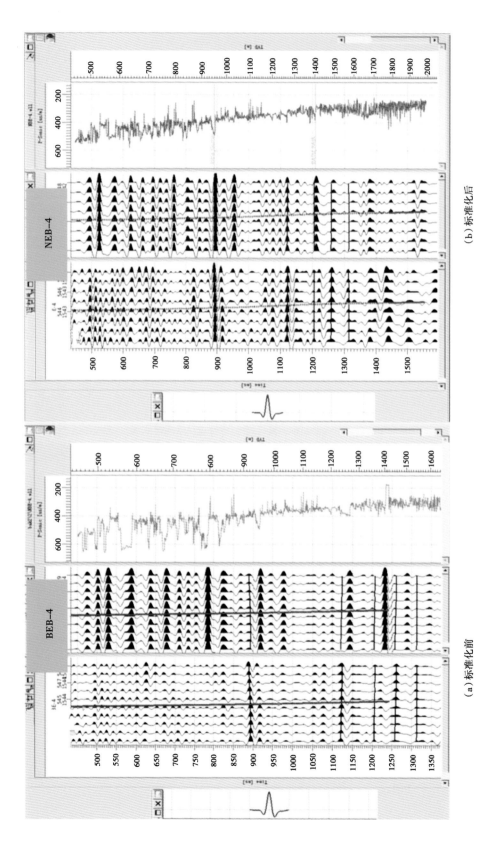

（b）标准化后

（a）标准化前

图5-43　NEB-4井声波曲线校正前后合成记录与标定对比图

时对相应层段厚度、岩性相近的伽马曲线幅差校正到相对统一。

对参与反演井的伽马和声波曲线进行标准化处理，使得其数值范围全区分布一致，从而满足岩石物理分析的需求，同时保证反演数据体的空间一致性（图 5-44）。在标准化基础上进行岩石物理分析及反演处理结果才更加可靠的。它对反演模型的影响也非常明显，标准化后的测井曲线插值的模型，横向趋势更合理，异常被消除。

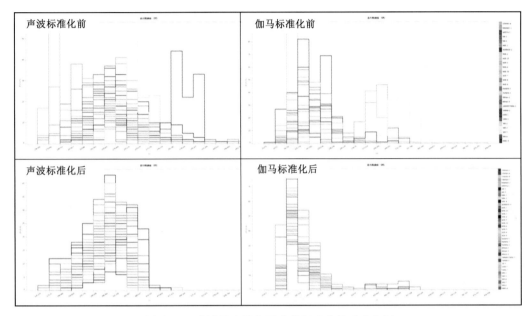

图 5-44 声波及自然伽马曲线标准化前后直方图

四、井震精细标定与子波提取

1. 井震精细标定

为了精细储层标定，本节在 Landmark 标定的基础上，采用 Jason 软件进行多软件综合标定（图 5-45），明确了各地层界面的地震反射特征，确保储层精细标定的可靠性。

（1）盆地基岩风化淋滤带顶面：在地震上，顶部具有削截现象，内部变质石英砂岩和千枚岩强反射具有层状反射特征，花岗岩具有弱反射、低频、不连续反射特征，其下母岩为杂乱反射特征。

（2）盆地基岩顶面（BSMT）：古近系覆盖于白垩系花岗岩和变质岩基底之上。在地震上，表现为一套强反射，上部地层与其具上超的接触关系，为一个区域性不整合。该顶面与下部基岩风化淋滤带顶面之间主要为基岩风化壳沉积，具有双强反射特征。

（3）Talang Akar 组下段：属于高能、强水动力沉积环境，地层变化比较快，地震波组具有强振幅、低频、弱连续的反射特征。

针对目的层共完成 50 口井的储层精细标定工作。标定过程中尽量选用直井，有效降低了标定误差，为下一步的储层精细预测打下了基础。

2. 地震子波提取

地震子波提取的好坏直接影响波阻抗反演的质量。首先利用地震资料和测井资料提取

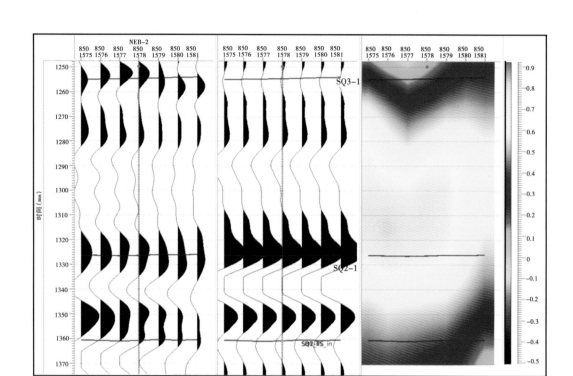

图 5-45　NEB-2 井合成记录剖面

一子波的振幅谱和相位谱，然后利用振幅谱和相位谱的信息合成一个理论子波。利用该子波做合成记录，根据该合成记录与地震资料的相关对比，修改时深关系，然后利用修改后的井的时深关系并结合地震资料提取新的子波，再利用新的子波重新去修正井的时深关系。如此反复，直到得到相位振幅谱变化稳定的子波，同时得到与地震资料相关性最好的合成记录。Jason 软件的子波估算分析包括无井、单井、多井提取子波，空变子波、全三维/斜井估算子波。多井可用来同时估算一个拟合最好的子波，并与所有井最佳匹配。为了得到一个好的子波，必须注意以下几个问题。

（1）测井曲线的编辑。

子波的质量直接受测井曲线与地震匹配关系好坏的影响，因此子波的提取与测井曲线的质量是相辅相成的，只有将二者不断迭代进行才能得到一个好的子波。测井曲线的编辑包括去野值、环境校正、曲线的时移、拉伸和压缩；子波的修改包括修改子波的长度、起跳时间、频带宽度等。判别的准则是使合成地震道与原始地震道最大限度地吻合。

（2）时窗的选取。

子波估算的时窗应遵循以下原则：①时窗长度应至少是子波长度的 3~5 倍，以降低子波的抖动程度，提高其稳定性；②所提取的子波长度应在 100~200ms。如果地震数据的频率较低，则设置的提取子波长度还应该更长。③提取子波的地震道应尽量远离断层和质量较差的地震道。

（3）子波的波形。

一个好的子波应该在主频范围内相位要稳定、旁瓣率收敛及与地震频谱基本相似。

（4）子波的频谱。

子波的振幅谱宽度应与地震资料的谱宽一致，但是提取的子波往往不满足这个条件，存在以下两个问题：①直流漂移，即子波的谱在零频率处振幅过大，这是由于在提取子波的时窗内，地震道的振幅之和不为零造成的，这一现象可以通过微调时窗的宽度解决。②子波的频谱在高频部分比地震资料损失很多，因此造成残差的谱能量很强，这是由于对测井曲线的编辑有不合适的拉伸和压缩，因此要对测井曲线重新进行编辑。

当子波的振幅谱确定下来后，还要对子波的相移量进行调整，真正影响子波质量好坏的是相位谱。由于用不同的方法提取的子波的振幅谱的差异比较小，但子波的相位谱却差别很大。Jason 软件包针对不同的相移和时移量，制作相应的合成记录与地震道的相关系数图，从中可以很方便地拾取相关系数最大时所对应的相移和时移量。

图 5-46 为制作合成地震记录所提取的子波及其频谱，可以看出，子波主频存在不同，总体形态一致，在目的层内相位稳定。

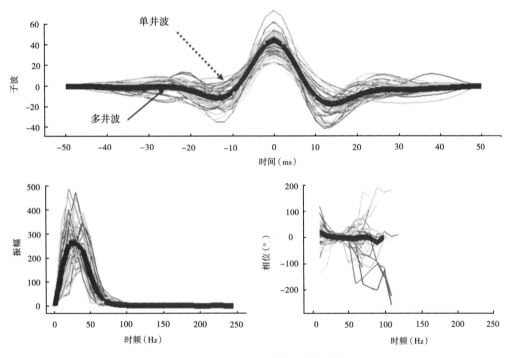

图 5-46　Jabung 区块综合子波频谱图

五、模型建立

地质模型的建立是所有反演处理之前所要进行的基础性工作。在地质模型中，严格意义上讲应充分考虑构造、地层、沉积、成岩模型，对反演过程进行宏观约束，使反演结果更趋于符合宏观地质规律。因此，在反演过程中要充分考虑地层、沉积、构造等地质模型的宏观约束与指导作用。

地下沉积体的空间接触关系十分复杂，计算机无法一次确定各个层位之间的拓扑关系，以往的反演主要采用 Jason 的 EarthModel 模块，地质框架结构是通过地质框架结构表按沉积体的沉积顺序，从下往上逐层定义各层与其他层的接触关系（可以是整合、断层、上超、底超、削截、河道等），遇到断层时，为了合理地封闭紧靠断层的层位，在框架结构表中，断层的两盘分别定义，这样得到的地质框架才是一个平滑、闭合的地层模型。该方法针对断层数量少，构造相对简单的地质情况来说能达到较好的效果。但是，一旦地质条件变得复杂，断层数量多，交切关系复杂时，应用该方法将会使工作量成倍地增加，且由于无法在空间上直观的质控地质框架的合理性，使得结果的合理性变得未知。因此一般的做法是将地质框架模型尽量简化，但这样做会降低地质框架模型的精度，与期望相反。

在 FastTracker 建模模块中建立复杂地质条件的地质框架模型相对比较简单，只需要将前面处理好的断层和层位以及地震数据体加入建模模块，选择调整地质层位的接触关系即可。由于整个操作都是在三维可视的环境中开展，可以随时监控地质框架模型的可靠性和合理性，一旦发现异常，可立即对出现异常的断层和层位进行处理，这将大大提高结果的可靠性，提高工作效率。

本节地质框架模型建立过程中，对层位进行了精细处理，使得断层处层位更接近真实地震资料情况，重点是有效消除断层及解释人为误差的影响（图 5-47）。

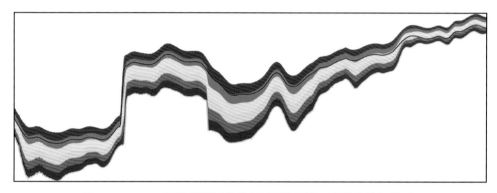

图 5-47　Jabung 区块反演层位处理剖面效果图（高精度格架模型）

在层面优化解释的基础上，利用 Jason 软件的 FastTracker 三维复杂断层建模软件完成建模工作。在模型建立过程中，对不同层位之间的接触关系、断层与断层之间的切割关系以及层位与断层的交切关系做出正确合理的定义，然后通过不断地修正这些关系，多次反复，最终获得一个合理的地质框架模型，为后续的模型差值和各种反演处理工作奠定了基础（图 5-48）。

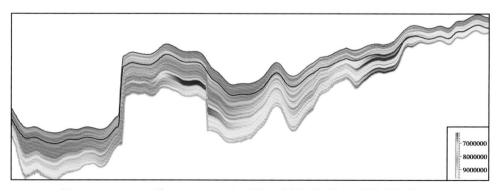

图 5-48　Jabung 区块 Talang Akar 组下段地质框架模型图（井控低频模型）

六、反演参数优化与质控

1. 反演参数优化

在应用地震波形指示相控反演进行储层预测的时候关键的三个要素就是：

（1）稳定可靠的时深关系，即可靠的合成地震记录；

（2）合理可靠的地层框架约束模型，即合理的解释层位数据；

（3）研究区内各井井间储层和非储层响应的一致性，即井间曲线处理及标准化效果好。

在上述资料条件准备良好的情况下，地震波形指示反演的两个比较重要的参数是有效样本数和最佳截止频率。

1）有效样本数 N

在指定的层段范围内，在所有被选井的井旁道（距离井最近的地震道）中寻找与当前道波形最相似的 N 道。然后将这 N 道根据距离远近而赋予不同的权重，距离越近权重越大。

有效样本数是地震波形指示反演中非常重要的参数之一，主要表征地震波形空间变化对储层的影响程度。该参数的设置主要参照对已知井统计的结果。在"质量控制"菜单中利用"样本数"和"地震相关性"进行统计分析，相关性随着样本数的增加逐渐增大，达到一定程度后相关性不再随着样本数的增加而增加，表明更多的样本无助于预测精度的提高，其相关性最大时的样本数就是最佳样本参数。该参数也和总样本数有关，通常较大的样本数表明储层变化小，非均质性弱，在横向变化快、非均质性强的地区，可适当减小样本数。针对研究区的资料特征和统计结果，优选有效样本数为 5（图 5-49）。

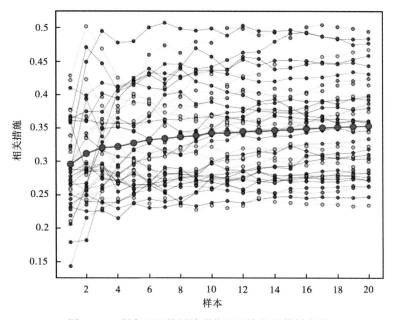

图 5-49　研究区目的层波形指示反演的最佳样本数

2）最佳截止频率

地震波形指示反演是一种统计学反演方法，其反演结果具有"低频确定、高频随机"的特点。低频主要是受地震频带及地震相的影响，高频则主要受同沉积结构样本的控制，越到高频随机性越强。因此设定合适的最佳截止频率对反演结果具有重要意义。该参数与有效样本数参数有关联性，需在确定了有效样本数后进行最佳截止频率参数的确定。如果更偏向于反演的确定性，该参数不宜设置太高；反之，如果更偏向于反演的分辨率，能够接受随机的结果，可以设置较高的截止频率。

基本上相关曲线进入水平段后，表明其频率成分以外都是随机了，进入水平之前的频率应该就是最大有效频率。当然，这个不是严格的，通常为了追求高分辨率反演结果，可以设定较高的截止频率，能够了解到高于多少的频率以上部分具有随机性。所以反演时通常可以根据需求，也就是反演工区目的层砂体厚度确定最大截止频率参数，只要知道高频具有随机性即可。例如，针对研究区目的层，需要预测3m以上的薄层，那么反演结果的截止频率就要在300~400Hz，可能超过150Hz以上部分随机性强一些（图5-50）。

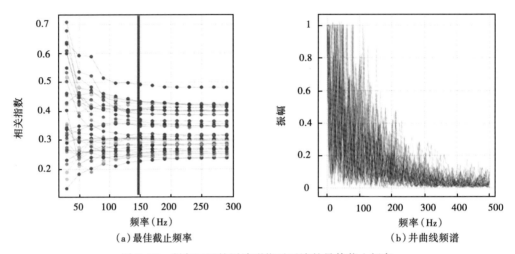

图5-50　研究区目的层波形指示反演的最佳截止频率

2. 反演结果质控

由于反演结果很大程度上依赖于地震资料，因此必须考察反演结果与地震资料的相关性。沿目标层段开时窗对反演数据体和地震数据体进行互相关计算，得到了两者的相关系数，再对相关系数进行统计分析，以确定两者之间的相关性。由相关系数平面分布可以看出两者在全区内相关系数较高，多数地区在0.9以上。由此可见，合成地震道与地震数据体之间的相关性较好（图5-51）。从地震剖面与残差剖面叠合可以看出，地震残差较小（图5-52）。

3. 反演效果分析

对Talang Akar组下段进行地震波形指示反演、模拟，分析反演效果。主要从以下几个方面对反演结果进行了评价：一是反演结果产生的合成记录与原始地震记录残差值大小；二是反演结果的分辨率是否有明显的提高；三是反演结果与地质规律的吻合情况。本节反演过程中由于加强了对反演过程的质量控制，总体表现反演资料的分辨率较高，能够较好地反映目的层储层的变化特征。具体从以下两个方面分析。

（1）反演结果产生的合成记录与原始地震记录剩余差值小。反演效果的优劣一般可直观地通过合成地震剖面与原始地震资料进行比较来确定，合成地震剖面与原始地震资料的

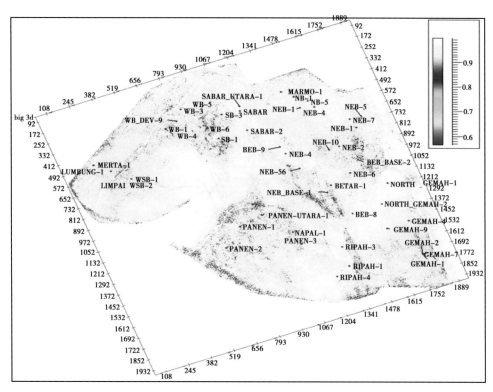

图 5-51　Jabung 区块反演合成地震与实际地震数据相关性平面图

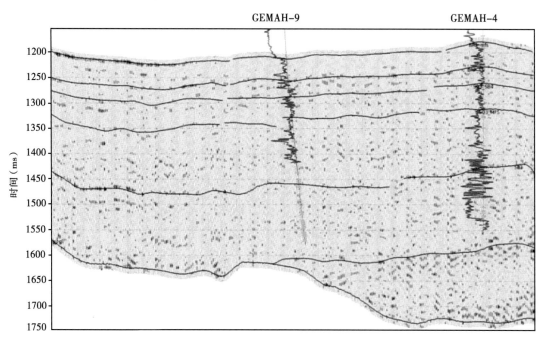

图 5-52　过 GEMAH-9—GEMAH-4 井反演残差剖面叠合图

残差越小反演效果越好，否则反演剖面的可信度就很低。从残差剖面看残差非常小，充分说明反演结果的可信度是比较高的（图5-53）。

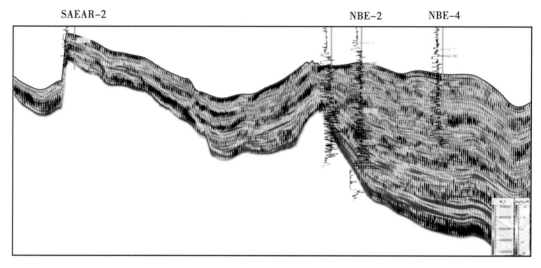

图 5-53　波形指示相控反演+地震叠加剖面

（2）剖面上看，该区参与反演的 51 口测井解释成果和录井剖面插入反演剖面与井旁反演道进行对比，符合较好。地震波形指示相控反演成果，与井（GR 曲线）解释成果、试油等对应较好，纵向上分辨率较高，砂体叠置关系清晰，横向展布自然，边界清晰。自然伽马和波阻抗反演有效频带得到合理拓宽。通过反演剖面与地震剖面的叠合剖面可以看出，反演剖面分辨率明显高于常规地震剖面，砂体尖灭点清晰，砂岩体厚度反应明显（图5-54）。

波形指示模拟频谱分析表明，有效频带扩宽到 10~140Hz（图5-55）。

七、储层综合预测

砂岩厚度成图步骤如下。

（1）以层序为单元采用不同砂泥岩门槛值，门槛值以下定为泥岩，门槛值以上定为砂岩将波阻抗剖面转换为砂泥岩剖面（图5-56）。

（2）用追踪的砂岩顶界和底界作为上下边界，剔除泥岩的时间厚度，得到砂岩的时间厚度。

（3）用全区的速度模型进行时深转换，将时间域的砂岩厚度转换成深度域（垂深）的砂岩厚度。

（4）根据已钻井实际砂岩厚度和预测砂岩厚度做一个校正系数曲面，用校正系数曲面乘以预测砂岩厚度，从而得到最终的砂岩厚度图。经对比可以看出，两者在形态上基本一致，反演预测的砂体厚度在平面有更为细致的变化，呈条带状、朵叶状分布，符合该区沉积特点。

通过以上方法，完成了 Talang Akar 组下段储层预测，并对预测厚度进行分析。对预测砂体厚度与实钻砂体厚度进行了统计，平均相关性为 0.97，表明本次储层预测结果较可靠。

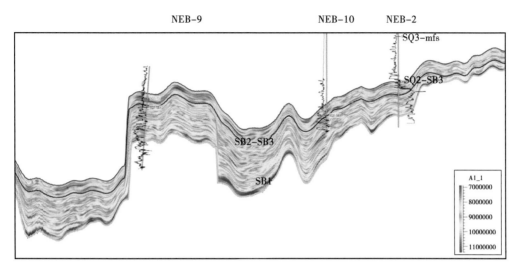

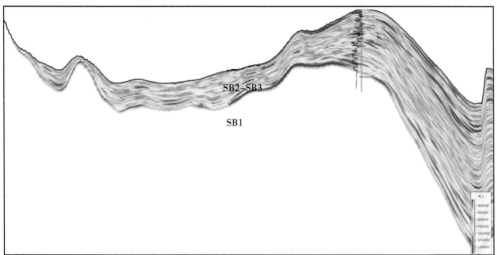

图 5-54　波形指示相控反演剖面

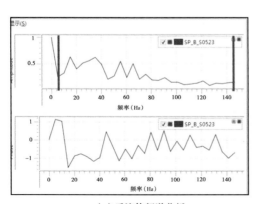

（a）反演体频谱分析

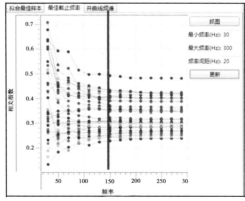

（b）最佳截止频率

图 5-55　反演体有效频带宽度 10~140Hz

　　预测结果表明，该区沉积储层具多物源特征，高部位为自源沉积，低部位为它源沉积，物源以东部及北部为主，个别时期同时存在北西向物源，砂体厚度特征变化较大，与地层厚度具有良好相关性，反映该区砂体主要受古地形控制，构造高部位地层厚度薄、砂体厚度较薄；构造低部位地层厚度较厚，砂体厚度较大；Talang Akar 组下段上升半旋回砂岩厚度在 0~370m 之间，Talang Akar 组下段下降半旋回砂岩厚度在 0~190m 之间（图 5-57、图 5-58）。

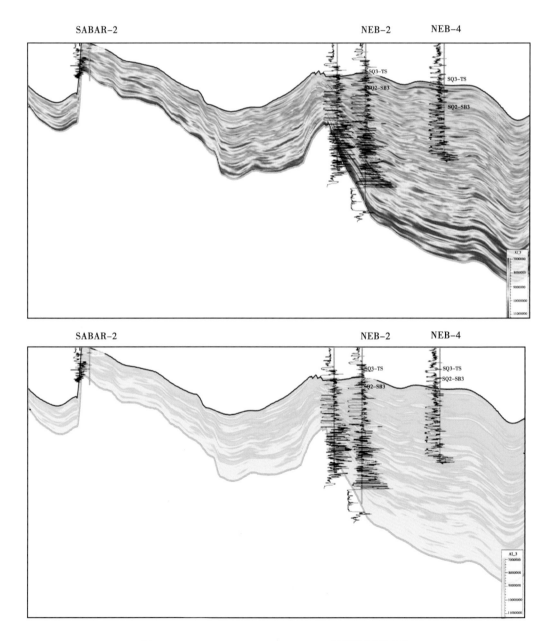

图 5-56　SABAR-2—NEB 2—NEB 4 砂泥岩剖面对比

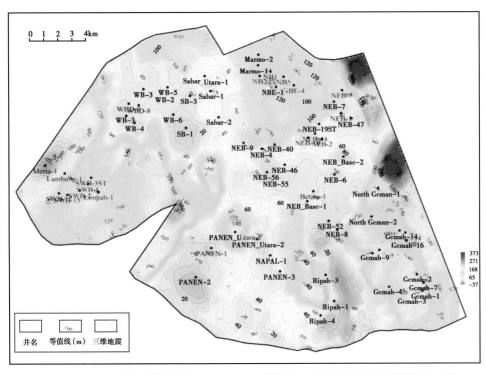

图 5-57　Jabung 区块西部隆起区 Talang Akar 组下段上升半旋回相控储层预测分布图

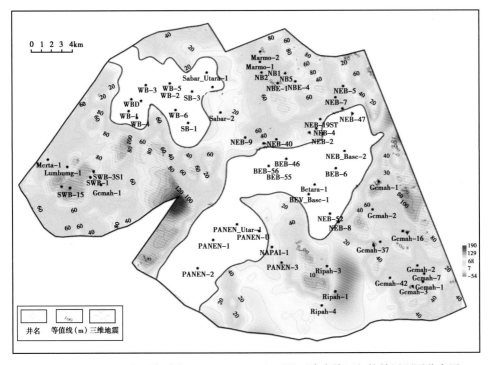

图 5-58　Jabung 区块西部隆起区 Talang Akar 组下段下降半旋回相控储层预测分布图

第六节　剩余岩性圈闭勘探潜力

一、Intra-Gumai 组剩余岩性圈闭勘探潜力

Intra-Gumai 组岩性圈闭成藏的关键因素是具有一定的构造背景，同时具有较好的泥岩盖层。在高频层序、沉积相、地震沉积学及相控反演的基础上，优选出两个构造—岩性圈闭，面积约 36km²，初步预测资源量约百亿立方米（图 5-59）。

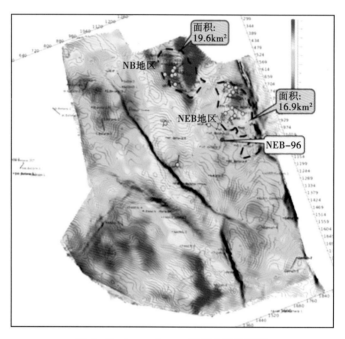

图 5-59　Intra-Gumai 组剩余岩性圈闭

二、Talang Akar 组下段剩余岩性圈闭勘探潜力

在高频层序、沉积相、地震沉积学及相控反演的基础上，根据古残丘沟谷控砂理论，认为潜山周围 Talang Akar 组下段发育的近源冲积扇是最有利的岩性油气藏发育场所（图 5-60）。优选出 5 个有利扇群，面积 115km²，初步预测资源量约 300 亿 m³（图 5-61）。

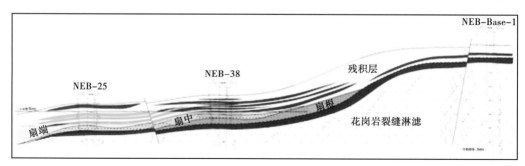

图 5-60　NEB 地区冲积扇油藏模式图

 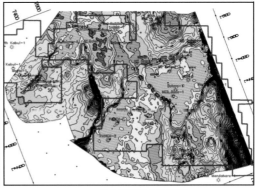

（a）解释属性融合图 （b）沉积时古地貌图

图 5-61　Jabung 西部隆起带 Talang Akar 组下段扇群分布图

第六章 基岩油气藏评价技术

基岩储层以风化孔洞及裂缝为主，其识别、预测是一个异常复杂的过程，并且存在多解性。针对区块资料及实际情况，可以按不同流程进行基岩储层预测研究。本章在地震属性、地震反演、叠前各向异性、应力场模拟以及含油气预测等核心技术应用基础上，建立了基岩不同类型储层预测识别与刻画的方法，通过多种方法对比，优选适合该区基岩储层预测方法，明确了 Panen-NEB 地区基岩潜山储层分布及含油气性特征（图6-1）。

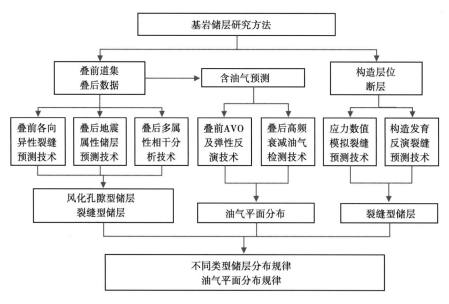

图 6-1 基岩储面研究流程图

第一节 基岩顶面结构及井震特征

一、基岩储层垂向分带性

基岩一般是指风化层之下的完整的岩石。地表岩石均会遭受不同程度的风化作用，风化作用是指地表岩石与矿物在太阳辐射、大气、水和生物参与下其物理化学性质发生变化，颗粒细化，矿物成分改变，从而形成新物质的过程。风化作用发生以后，原来高温高压下形成的矿物被破坏，形成一些在常温常压下较稳定的新矿物，构成陆壳表层风化层。风化层溶蚀孔洞较发育，在适当条件下，可以作为油气有利储集空间。此外，由于构造活动产生挤压或拉张应力，会造成基岩顶部岩石断裂、破碎而形成裂缝，也能成为有利油气储集空间。因此，本节从石油地质学方面按照风化强度把基岩顶面划分为风化带（壳）、裂缝带和致密层（基岩），主要研究对象为致密层之上的风化带和裂缝带。基岩储层垂向的分带性是储层的地震横向预测和评价的重要条件。

二、基岩储层井震特征

1. 基岩储层岩电特征

区内钻遇风化带的钻井共 17 口，岩性为花岗岩和千枚岩，岩性分界较清楚，通过对工区多口钻井对比分析，基岩顶界面及风化带、内部裂缝带电性上有较明显的区别（图 6-2）。

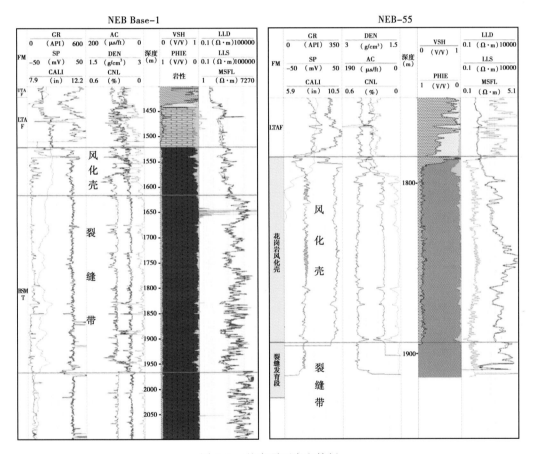

图 6-2　基岩顶面岩电特征

从图 6-2 中可以看出，从新生代地层进入风化层，GR 曲线变化最明显，GR 曲线明显起跳形成一个较大的台阶，其余曲线变化均出现不同程度的突变现象而形成一个清晰的界面。由于风化带孔缝发育，密度、声波曲线出现大幅度齿化，与之下的裂缝带平直局部小幅度齿化相比，特征明显。此外裂缝带的电阻率明显高于风化带，分界明显，钻遇风化带厚度一般在 100m 左右，裂缝带一般小于 200m。致密层是真正意义上的基岩，未受到风化作用，基本不发育有效裂缝，电阻率大，声波时差、密度等曲线更为平直，齿化幅度更小，与裂缝带具有较明显的界限。

2. 基岩储层地震波组特征

风化带—裂缝带具有油气储集的空间，是一种特殊的油气储层。若想要通过地震的方法进行储层评价及含油气性预测，首先应研究其界面及内部的波阻响应特征。

该区风化带厚度一般小于100m，基岩层速度5100m/s左右，地震主频20Hz左右，则地层调谐厚度为5100/（4×20）约为64m。即当风化带厚度大于64m时，风化带可分辨；当风化带厚度小于调谐厚度时，风化带不可分辨，无法区分其顶底界面，随着风化带厚度增大，顶底面逐渐分开。该区钻遇风化带厚度变化较大，因此，理论上局部地区地震反射能识别出风化带顶底界面（图6-3）。与之相比，裂缝带与致密层之间存在较明显的速度差异，会产生较强的反射界面。

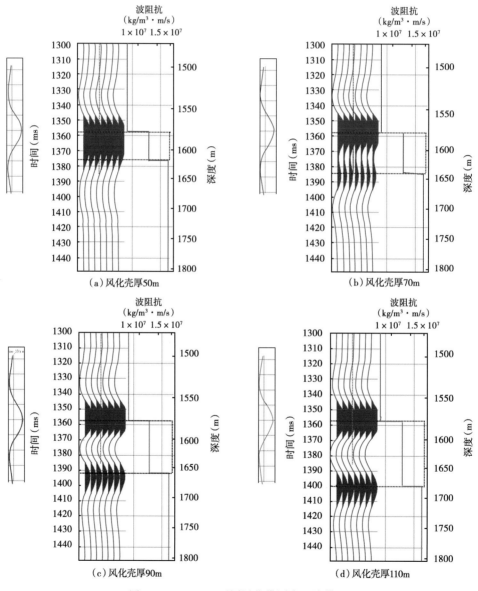

图6-3 Betara-4不同风化带厚度正演模型

实际地震道往往比理论要复杂得多，从NEB Base-1井标定上可以看出，由于受到上覆砾岩影响，风化带顶界面位置已略偏波峰靠下。此时产生的波峰为上覆砂泥岩与砾岩体之间、砾岩与风化带之间产生的波峰的复合效应，这是因为砾岩厚度一般在25m左右，远小于调谐厚度。从前述的正演模型上可知，当储层厚度（此时为砾岩）小于调谐厚度时，储层底界为波峰下斜坡零相位附近。裂缝带厚度较大，在正演模型上均产生较强波峰响应，但实际地震道裂缝带与致密层之间的界面并不明显（图6-4），要想通过地震解释来预测裂缝带厚度，需要采取进一步手段进行。

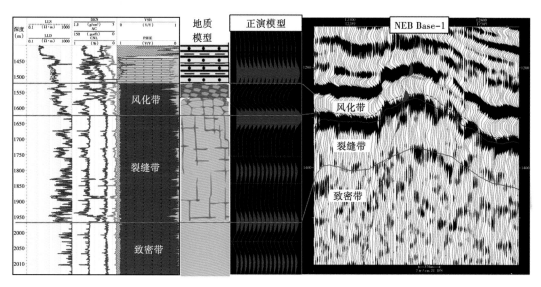

图6-4　NEB Base-1 井基岩顶部井震综合标定图

区内多数钻井在风化带之上并不发育砾岩体，由砂泥岩地层直接进入基岩风化层，这种界面特征与NEB Base-1井风化带顶界反射特征不一样，与前述模型比较匹配，且风化带厚度大于调谐厚度，顶界面为波峰响应（图6-5）。

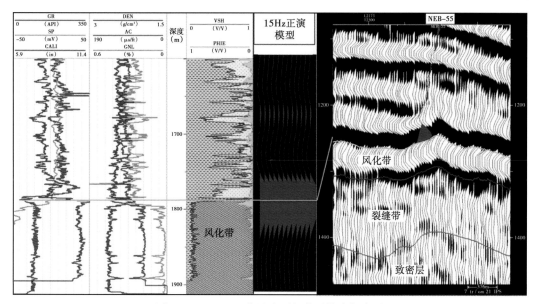

图6-5　NEB-55 井基岩顶部井震综合标定图

通过对该区 17 口钻井的精细标定，风化带顶面以波峰—零相位响应，风化带位于其下的波谷，与裂缝带之间通常会有一个强的不太连续的界面，裂缝带与致密层之间界面不明显。

第二节　基岩顶面构造及各带厚度特征

一、基岩顶面构造特征

从前述正演分析可知，基岩顶部风化带顶界面、风化带与裂缝带、裂缝带与致密层之间均能形成较强的波峰反射，但实际地震道上裂缝带与致密层之间的界面并不清楚，整体为较杂乱的弱反射，在常规地震剖面解释裂缝带底界面而求取的裂缝带厚度可靠性较低。

为此，考虑到基岩顶部结构之间存在较明显速度差异，则会存在阻抗差，采且 Land-Markr5000 多学科协同工作平台 DecisionSpace 进行数据处理，通过对地震数据进行相对阻抗转换，能识别出不同带的界面。从 NEB Base-1 井到 NEB Base-2 井的连井剖面上可以看出，常规地震剖面上，裂缝带与致密层之间基本不存在界面反射，而相对阻抗剖面上，基岩顶部各层界面均较清楚，加强了各结构层面的解释依据，使各层面的追踪解释及风化带、裂缝带的厚度求取的精度得以提高（图 6-6）。

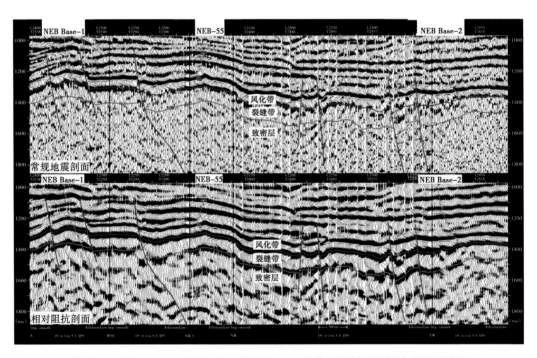

图 6-6　NEB Base-1—NEB-55—NEB Base-2 连井地震剖面及相对波阻抗剖面

基于相对波阻抗数据体，结合常规地震数据剖面，在层位精细标定的基础上，开展基岩顶部结构界面精细解释。在解释过程中采用相干体、相位体等多种数据，运用变密度、能量多种显示方式，平剖结合识别解释断层，在层位解释过程中随时进行连井线、随机线的闭合检查，完成了风化带顶、裂缝带顶、底面构造解释。

运用井标定速度，以构造解释层位及井点分层控制建立平均速度场进行时深转换，完成基岩顶部三个层面的构造图编制，三个层面构造继承性好，为两个分界明显的构造带，即南部 Panen 背斜构造，北部 NEB 构造为两个以鞍部过渡相连的断鼻构造（图 6-7、图 6-8）。

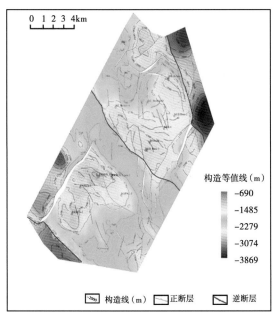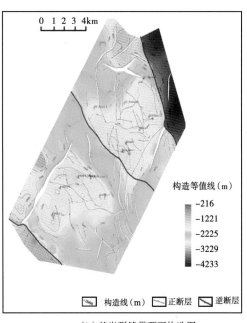

（a）基岩风化带顶面构造图　　　　　　（b）基岩裂缝带顶面构造图

图 6-7　Panen-NEB 区块基岩风化带及裂缝带顶面构造图

采用同样的方法，完成了 WJB-Ⅱ 三维区基岩顶面构造成图，可以看出，RCD-1 井区为三条断层控制的断块构造，断层两盘地层产状变化较大（图 6-8）。

分析认为，Jabung 区块后期构造活动对构造形态改变较为强烈，两个构造带之间古构造的隆起区在后期构造反转阶段受构造应力挤压为洼槽区，构造形变大，易形成大量的构造裂缝。在 Panen 古构造上的两个高点和 NEB 古构造上的两个高点现今构造上仍然存在，构造形变相对较小，构造裂缝发育程度小于强形变区（图 6-9）。总体上，古构造高位长期遭受风化、淋滤形成孔隙—裂缝型以孔隙型为主的风化带储层，储层条件好；其次古今构造演化引起的构造形变区带形成裂缝型储层，储层条件次之。

二、基岩顶面各带厚度特征

在构造解释的基础上，通过钻井进行校正，能较精确求取各带的厚度。通过分析风化带、裂缝带的厚度分布规律，可以间接反映风化带储层及裂缝带储层的发育程度。

风化带厚度中心在 Panen 构造斜坡上呈块状分布，向北 NEB 构造带上呈南北向条带状展布，从厚度图上可以看出，风化带厚度与古构造存在一定的关系：大体上，古构造高

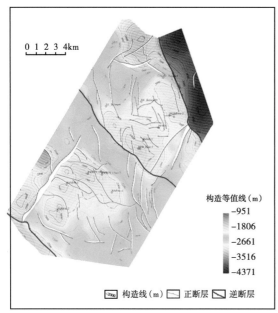

（a）基岩致密带顶面构造图

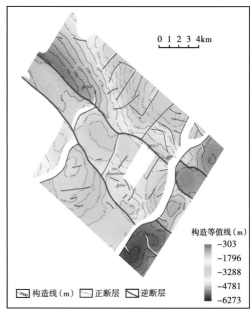

（b）WJB-Ⅱ三维区基岩顶面构造图

图6-8　Panen-NEB区块基岩致密带顶面及WJB-Ⅱ三维区基岩顶面构造图

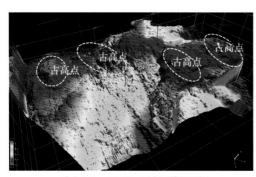

（a）SB1—SQ4MFS厚度三维显示图

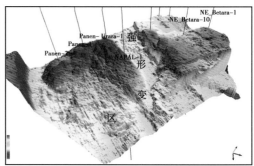

（b）潜山顶面现今构造三维显示图

图6-9　基岩潜山顶面古今构造对比图

点风化带厚度较小，反映古构造高点地层长期遭受风化剥蚀，风化物在缓坡带和低洼带沉积而使构造斜坡风化带地层相对变厚（图6-10）。

裂缝带厚度南部略比北部要大，南北厚度中心主要分布在工区中部 Panen-NEB Base-1 井区呈面状展布，北部发育 NEB Base-2—NEB-1 井呈近南北向条带。分布规律与古今构造存在一定关系，大体上构造形变较大的地区，裂缝带厚度较大，也反映出构造强变形区裂缝较为发育。

总体上，基岩顶部结构厚度能在一定程度上反映基岩储层的发育程度，但存在与钻井资料矛盾的地方，需要进一步采用其他手段进行裂缝预测。

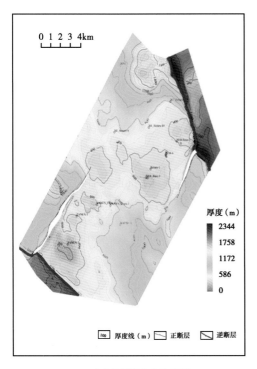

（a）基岩潜山古构造图

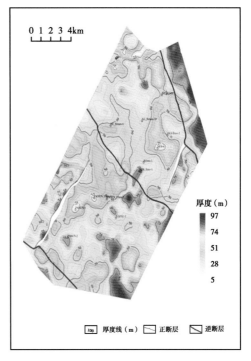

（b）基岩风化带厚度图

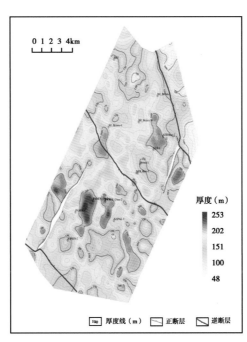

（c）基岩裂缝带厚度图

图 6-10　Panen-NEB 区块基岩潜山古构造、风化带和裂缝带地层厚度对比图

第三节　基岩储层预测方法及效果

基岩在区域构造应力及风化剥蚀林滤等地质作用下，形成了构造缝、风化孔隙型等不同类型的裂缝。这些孔隙—裂缝的存在，会引起地震波速度、振幅、能量及频率等参数的变化，因此可以利用地下不同裂缝类型所产生的地震波动力学和运动学特征的差异，进行储层预测。

一、叠后裂缝型储层预测

由于基岩顶面构造各部位所受应力条件的不同，以及岩性成分的不均匀性，造成裂缝在纵向上的分带和平面上的分区特征，这些特征在地震剖面上会以波形形态、振幅能量以及频率等的变化表现出来。利用叠后地震资料提取这些属性，以及应力模拟等方法，可以实现由于构造成因的裂缝预测。

1. 相干类属性预测裂缝

地震相干数据体是利用相邻地震道数据计算相干系数而形成只反映地震道相关性的数据体。其目的主要是对地震数据进行求异去同，以突出那些不相关的数据，利用不相关数据的空间分布来解释断裂、裂缝及岩性异常体等地质现象。由于基岩中断裂和裂缝的存在，导致地震数据体在空间的不连续性，相干类属性可以有效检测地震数据的这种不连续特征，从而达到裂缝预测的目的。

在相干类属性中，开展大量属性的对比分析，包括蚂蚁追踪、分频相干、脊部增强滤波等，从对比结果来看，预测趋势基本一致。最后优选蚂蚁体属性和脊部增强滤波属性两种相干类属性作为叠后裂缝预测的主要依据。

蚂蚁追踪算法是斯伦贝谢公司在 Petrel 软件中研发的一种复杂的地震属性算法。该方法利用三维地震体，清楚显示断裂系统轮廓，并利用智能搜索功能和三维可视化技术，自动提取断层面，使地质专家以更宽的视野完成断层解释，增加构造解释的客观性、准确性及可重复性。是一种突出断层面特征的新型断层解释技术。通过调整算法参数，可自动提取细微断层组，或对地层不连续详细成图，可以实现对很微小的断层甚至裂缝的预测。

脊部增强滤波技术是在倾角导向体的基础上进行了脊部增强处理。所谓倾角导向滤波，是滤波过程中沿计算的倾角和方位角进行，这样，其结果就包含了倾角和方位角的信息，更能反映地震资料的不连续性，进而用来研究裂缝的发育程度。

从预测结果来看，蚂蚁体属性和脊部增强滤波属性预测的裂缝在平面上的发育特征基本一致，反映了由于构造活动所产生的构造形变缝的分布规律，即裂缝型储层主要分布于构造强形变区，即现今两个构造带的斜坡部位。该区古今构造高位具有一定继承性，构造形变较小，裂缝相对不发育（图6-11）。

纵向上，风化带和裂缝带裂缝发育规律基本相同，但裂缝带的裂缝发育程度明显大于风化带（图6-12）。

本节在相干和倾角等属性分析时，进行了不同频率、全频带的对比，所揭示的形态及裂缝发育特征基本相同，只是值的范围存在差别。考虑到目的层主频为20Hz，因此在单频属性分析时，采且20Hz相干及倾角作为裂缝型储层预测的依据（图6-13）。在单频相

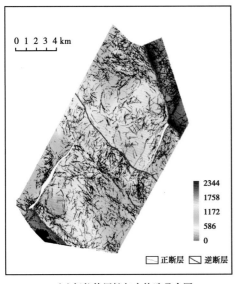

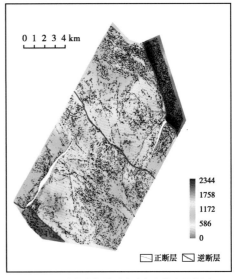

（a）蚂蚁体属性与古构造叠合图　　　　　　　（b）脊部增强滤波与古构造叠合图

图 6-11　Panen-NEB 区块潜山风化带相干类属性裂缝预测平面图

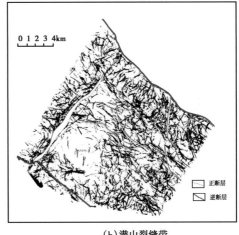

（a）潜山风化带　　　　　　　　　　　　　（b）潜山裂缝带

图 6-12　Panen 区块潜山风化带与裂缝带蚂蚁追踪平面对比图

干平面图上，值越小，代表地震数据越不连续，裂缝发育程度越高，在倾角属性平面图上，倾角越大，代表高角度裂缝越发育，这两种属性同样能反映裂缝型储层的分布特征，与蚂蚁追踪、脊部增强滤波预测结果基本一致。

同样采用这两种属性对 WJB-Ⅱ 区块潜山顶面裂缝进行了预测，从图上可以看出，蚂蚁追踪显示裂缝分布规律不太强，脊部增强滤波反映构造缝主要分布在现今构造高部位，以及南部褶皱发育区（图 6-14）。

总之，叠后相干类属性主要反映了由构造运动产生的构造裂缝，而不能对基岩风化带的孔隙型储层进行预测，需要通过其他方法进行预测。

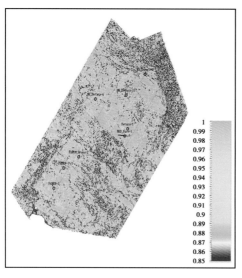
（a）20Hz分频相干平面图

（b）20Hz倾角属性平面图

图6-13　Panen-NEB区块潜山风化带20Hz相干及倾角属性平面图

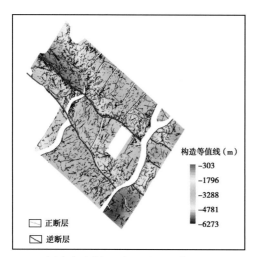

（a）蚂蚁追踪与基岩顶面构造叠合图

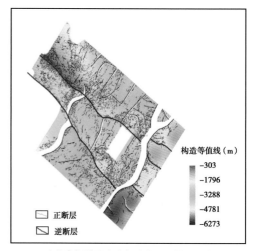
（b）脊部增强滤波与基岩顶面构造叠合图

图6-14　WJB-Ⅱ区块潜山顶面裂缝预测平面图

2. 三维构造裂缝预测

构造裂缝是与构造运动相关的裂缝，是构造缝产生的直接原因。在构造运动进行过程中，构造变形作用在构造内部引起了一连串的应力重新分布，从而相应伴随出现了各种不同的裂缝组系。

三维构造裂缝预测主要是在三维构造恢复的基础上，通过正演来计算每期构造运动对地层产生的应变量，用应变量作为主控因素，应力方向进行约束模拟生成裂缝，以此来达到预测裂缝的目的，其核心是三维构造恢复。

1）三维古构造恢复原理

构造恢复技术方法可以被分为两大类：静态恢复方法和动态恢复方法。静态恢复方法是对褶皱面的恢复，包括简单剪切和弯曲滑动两种。动态恢复方法是对断层的恢复，包括斜剪切和断层平行流的方法。每一种方法的设计都是为了能够适应一种构造类型的古构造恢复，因此它们有各自的优点和缺点。根据不同的构造类型和成因，要选择不同的构造恢复方法进行古构造恢复（图6-15）。

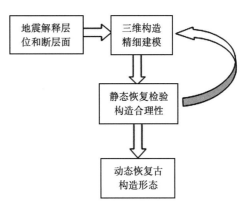

图6-15　三维构造恢复流程图

构造恢复中有两个前提假设：面积不变和体积不变。其算法有两种，分别为静态恢复（忽略断层面几何形态）和动态恢复（考虑断层面的几何形状对上盘岩层的形变影响）。

垂直去褶皱：用垂直剪切或斜剪切方法消除地层形变，将地层恢复到水平的假定的区域基准面（图6-16）。褶皱前后体积不变，岩层面积发生变化。

弯曲去褶皱：弯曲去褶皱算法可以应用于平行褶皱，该算法是通过去褶皱的顶面及其内部的平行滑动系统到水平基准面或假定的区域来工作的（图6-17）。

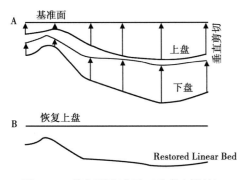

图6-16　恢复到基准面（垂直去褶皱）

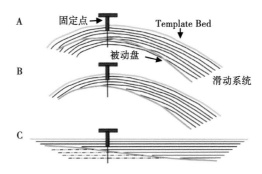

图6-17　弯曲去褶皱原理简述图

弯曲滑动去褶皱算法的原则：

（1）模板层在去褶皱方向上长度不变；（2）所有平行于模板层的层长在去褶皱方向保持一致；（3）同一褶皱带的柱形或尖顶褶皱的面积保持不变；（4）面积不变；（5）相对层厚度恒定、层间的不连续滑动将沿着模板层在特定的点改变层厚。

斜剪切断层恢复：斜剪切算法在正演时通过扩展上盘，指定移动方向和位移来进行的。该技术方法是把断层的形成过程假设分成两步：第一步是建立上盘和断层空白带；第二步是让上盘垮塌到断面上，坍塌的路径由剪切矢量控制，剪切矢量的方向可以与断层面垂直，同向或者反向（图6-18）。

断层平行流断层恢复：该方法基于颗粒层流（颗粒沿断层斜面流动）理论，是专门为恢复逆断层设计的。断层面被分割成不连续的倾斜段，每一个倾角变化点标记一个平分线。流线是通过将不同等分线上的逆断层等距离的点连接起来构成的，上盘地层的颗粒沿着这些与断层平行的流线运动（图6-19）。

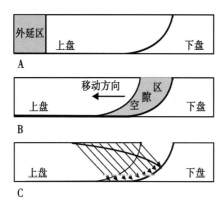

图 6-18　斜剪切断层恢复原理示意图

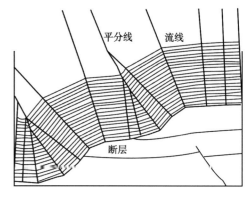

图 6-19　断层平行流方法原理示意图

2）Jabung 地区三维古构造恢复

（1）建立静态模型。

构造解释成果是三维构造恢复工作的数据基础。因此，对基岩顶界面及 SQ4 最大海泛面层位进行精细构造解释，同时对断开两个层位的七条主要大断层进行了解释，其中包括四条北西走向的逆断层和三条北东走向的正断层。

本节构造恢复首先将基岩顶界面和 SQ4 最大海泛面层位按照七条大断层所切割的位置，分成七个大构造断块，并着重处理各个断块与断层面的接触关系，并对断层面的形态做一定的微调，剔除掉一些不符合地质构造常识的数据点，从而为接下来的断层恢复计算铺平道路，确保静态模型合理性（图 6-20）。

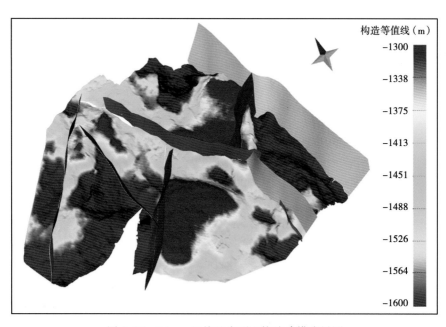

图 6-20　Jabung 区块基岩顶面构造建模成果图

合理的地震解释模型是构造分析和构造裂缝预测的前提，因此，将编辑好的包含两套层位的模型用静态恢复中的"拼版"恢复方法进行三维平衡分析，检验解释结果的合理性，发现问题返回解释软件修改层位和断层，直到建立合理有效的地质模型。

（2）恢复古构造动态。

三维构造恢复分为两个步骤：首先对断层进行恢复，然后对恢复完断层的层面进行褶皱恢复，之后形成的就是 SQ4 水进域末期的古构造图。由于 SQ1—SQ4 中期未发生大的构造活动，SQ4 水进域末期的古构造基本反映了基岩潜山的古构造形态。

在进行断层恢复的过程中，不同性质断层的恢复方法有所不同，正断层通常使用斜剪切动态恢复方法来对断层进行恢复。逆断层通常使用断层平行流的动态恢复方法进行断层恢复。Jabung 地区早期发育北东向张扭正断层及晚期北西向压扭逆断层两组断裂体系。按照构造发育的先后顺序，首先进行逆断层恢复，从而恢复上盘的岩层形态，再对正断层进行恢复，实现对上盘构造形态的恢复。

在具体操作过程中，首先对一条断层进行恢复试验，检查方法、参数等合理性。对 NEB 构造上的一条逆断层进行恢复试验，选择断层平行流的方法，上盘恢复方位角 81°，倾角 90°。在恢复时假定层位在断开过程中，断层下盘不动，断层上盘沿着断层面向上逆冲，通过反演断层上盘的运动轨迹来恢复该逆断层。从图 6-21 中可以看出，该逆断层恢复后，断层上下盘之间的断距为零，上下盘闭合在一起，从而实现了对该逆断层的构造反演计算。

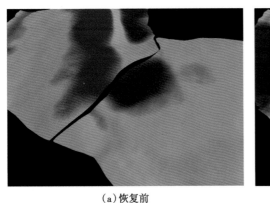 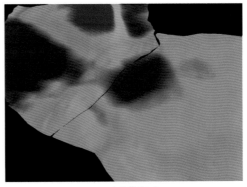

（a）恢复前　　　　　　　　　　　　　　（b）恢复后

图 6-21　逆断层恢复前后构造对比图

运用试验中得到的各项参数，完成工区内所有逆断层恢复之后，开始恢复正断层。正断层恢复采用斜剪切断层恢复方法，所选方位角 137°，倾角 90°，从图中可以看出断层恢复后，断层上盘与下盘之间闭合在一起，从而实现对该断层的恢复（图 6-22）。

为了得到基岩古构造图（本节用 SQ4 水进域代替），首先假设 SQ4—MFS 与基岩之间的岩层厚度只是因为压实现象而发生变化。并假设刚开始沉积时，SQ4 最大海泛面层位是水平的且不存在断层。因此通过去压实，并将当前的 SQ4 最大海泛面层位反演至其刚开始沉积时的水平状态，便可得到在当时的基岩古构造图。这需要开展两方面的工作：一是确定该地区随深度变化的压实系数，用于进行基岩顶界面与 SQ4 最大海泛面层位之间岩层厚度的压实校正；二是对SQ4最大海泛面层位的断层和褶皱进行恢复，从而使SQ4最大海泛面层位恢复到刚开始沉积的水平状态（图6-23），基本代表了基岩顶面古构造形态。

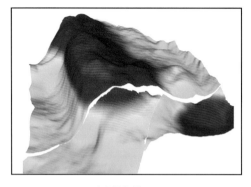 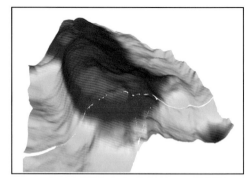

(a) 恢复前　　　　　　　　　　　　(b) 恢复后

图6-22　正断层恢复前后构造对比图

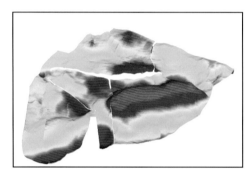 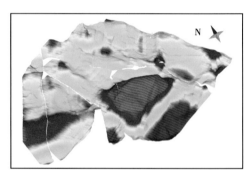

(a) 恢复前　　　　　　　　　　　　(b) 恢复后

图6-23　断层恢复前后SQ4最大海泛面构造对比图

构造恢复表明，该区基岩古构造只发育北东向的正断层，而北西向的逆断层基本不发育，可以判断在该时期受到北西方向的牵拉力量，从而发育其走向与其最大主应力方向相垂直的正断层。构造中间高四周低，可较清楚识别出三个古潜山，即Pane、NEB和WB，三个古潜山基本相连，古构造与现今构造差别大，表明该区后期构造改造作用强烈，构造反转明显。

3）Jabung地区基于构造恢复的裂缝预测

潜山顶面的构造缝是由于构造活动产生的，通过前面的构造恢复，把潜山顶面恢复到变形之前的状态。在此基础上，根据该区发生的每一次的构造运动，通过正演计算潜山基岩顶面在构造应力状态下所产生的应变量。用该应变量作为主控因素，在应力方向的约束下，模拟生成裂缝，进而完成两个期次（SQ4最大海泛面沉积前及反转期）的裂缝预测（图6-24）。

该区主要经历了两次大的构造运动，从图中可以看出潜山构造缝主要形成于早期构造活动；Panen-NEB区块构造缝主要形成于第二期构造运动，可能略晚于第二次排烃期或与

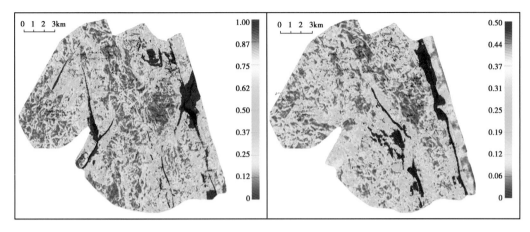

（a）第一期（SQ4—MFS沉积后）　　　　　（b）第二期（SQ4-MFS至今）

图6-24　Jabung区块潜山顶面两期裂缝预测及应力大小分布平面图

其时间相当，推测大量构造缝与生排烃配置关系可能不如早期风化带形成的孔隙型储层。

通过两次应力叠加后得到现今裂缝发育及应力大小分布，从图中可以看出，构造裂缝主要沿着断层的走向及褶皱带分布，与断裂体系有很大的相关性，表明构造缝主要受断层和褶皱控制（图中颜色代表应力大小，黑色线条代表裂缝方向），与叠后地震属性预测结果基本一致，反映裂缝主要分布于断层附近及褶皱发育区（图6-25）。

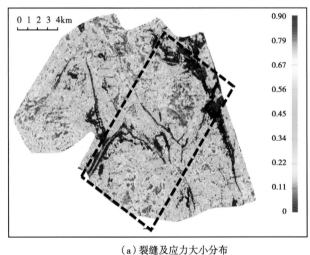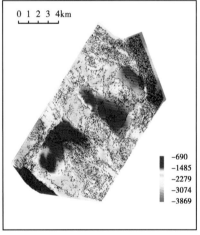

（a）裂缝及应力大小分布　　　　　（b）潜山风化带脊部增强滤波与构造叠合图

图6-25　Jabung区块潜山顶面三维构造与地震属性裂缝预测对比图

二、叠前各向异性裂缝预测

叠前各向异性裂缝预测技术是以裂缝存在情况下的方位AVO属性变化、地震衰减和干涉属性理论为依据，以叠前保幅道集为基础，提取叠前方位角道集数据和多种方位角地震属性来进行裂缝预测的一种方法。

1. 基本原理

裂缝检测（FRS）方法是基于纵波的一种地震检测方法，当地震纵波在遇到裂缝地层产生反射时，由于纵波与裂缝的方位角不同，产生的反射就不同，利用三维地震资料宽方位角的特点，提取不同方位角的地震纵波响应特征，就可以用于检测裂缝发育的相对程度，该方法尤其对开启的高角度裂缝效果明显。

据 Thomsen 的研究，AVO 梯度较小的方向是裂缝走向，梯度最大的方向是裂缝法线方向，并且差值本身与裂缝的密度成正比，因此裂缝的密度可以标定出来。

Ramos 等的研究表明，纵波垂直于裂缝带传播会有明显的旅行时延迟和衰减，并有反射强度降低和频率变低等现象。

贺振华等通过岩石物理模型实验结果表明，地震纵波沿垂直于裂缝方向的传播速度小于沿平行于裂缝方向的传播速度。并且地震波的动力学特征参数如振幅、主频、衰减等比运动学特征参数如速度对裂缝特征的变化更为敏感。

这些研究为叠前地震方位各向异性裂缝检测的发展奠定了基础，并且表明利用叠前地震资料提取方位地震属性如振幅、速度、主频、衰减等检测裂缝型储层是完全可行的，比基于叠后地震资料的裂缝检测技术有更大的优越性。

根据图 6-26 所示的裂缝方位检测示意图，可以得出如下的裂缝检测计算流程。

（1）在 CMP 道集中抽选方位道集并进行叠加。计算的方位角个数可选 3~6 个，要求基本均匀地分布在 0°~180°。

（2）地震属性可以采用经过标定的振幅数据，如相对波阻抗数据。对每一个方位叠加道集计算相对波阻抗。这一过程实质是量纲的标定。

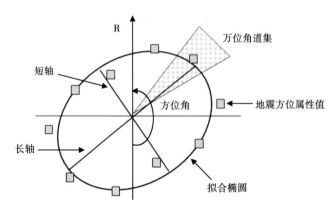

图 6-26　裂缝方位检测方法示意图

（3）对储层的每个 CDP 点，使用上述各方位角的时窗统计属性值进行椭圆拟合（图 6-26），计算出三个特征值：椭圆长轴长度、短轴长度以及椭圆扁率（长轴/短轴）。椭圆扁率通常指示裂缝的相对发育强度，长轴可指示裂缝的方向。

2. Jabung 基岩潜山叠前各向异性裂缝预测

基于以上叠前各向异性裂缝预测原理，开展该区基岩潜山裂缝预测。首先，在 CMP 道集资料的基础上，分 0°~70°、60°~130° 和 110°~180° 三个方位角范围，进行了方位角道集叠加。为了提高叠加信噪比，每个方位角道集之间采取了适当的角度重复。从三个不同方位角叠加的地震剖面可以看出（图6-27），不同方位地震剖面上能量整体均匀，各个方位角地震剖面的能量强弱变化自然，信噪比与全叠加剖面相当，可见方位角划分合理。从不同方位地震剖面中，局部可以发现由于各向异性所造成的能量差异，特别在裂缝越发育的地方，各向异性越强，不同方位地震数据之间的能量差异也就越大。

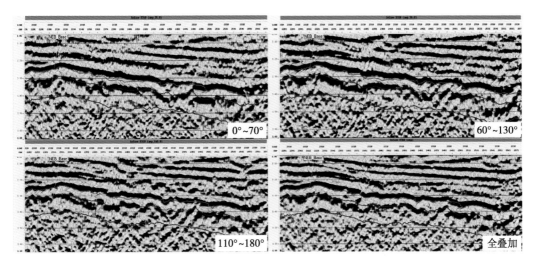

图 6-27　分方位角叠加剖面

在得到三个方位角的分方位叠加地震数据后，对各个方位角振幅在每一储层段内逐点进行振幅随方位角的变化分析，根据三个振幅属性值得变化进行椭圆拟合计算，就得到了振幅的方位角椭圆在空间每一个点的变化，从而根据椭圆的扁率及长短轴的方向来对储层裂缝的发育强度和方向进行预测。

图6-28是过 NEB Base-1 井 InLine 方向的裂缝预测剖面。从预测结果看，基岩潜山顶面整体上裂缝较发育，纵向上从潜山风化淋滤带到基岩裂缝带再到致密层，裂缝发育强度

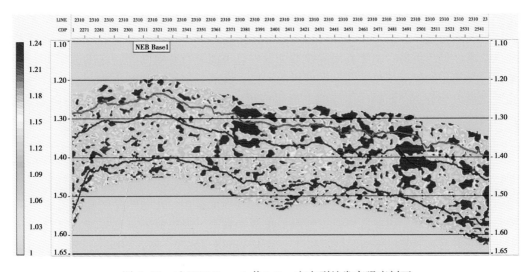

图 6-28　过 NEB Base-1 井 Inline 方向裂缝发育强度剖面

减弱趋势明显，风化带和裂缝带裂缝发育强度高，有一定的层状分布特征；横向上裂缝发育强度变化较快，受古构造及构造形变应力控制作用明显，呈点状、团块状和条带状分布，非均质性强。

图6-29为潜山风化带、裂缝带叠前各向异性裂缝预测的裂缝发育强度与蚂蚁追踪叠合平面图。从图中可以看出，潜山风化带裂缝整体以条带状、团块状分布为主，裂缝的分布和断裂系统有很好的相关性，叠前各向异性与蚂蚁体属性两者预测结果总体较为一致，但存在局部差异。各向异性强度最大的区域基本沿大断层走向分布，而蚂蚁追踪显示裂缝最发育区域为工区中部和北部，这两个地区均是古今构造形变最大的区域。

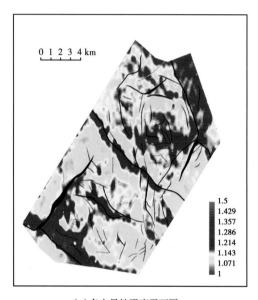 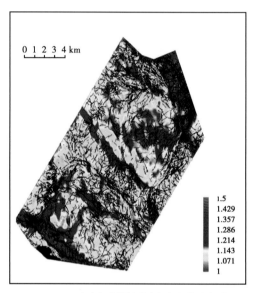

（a）各向异性强度平面图　　　　　　　　　（b）各向异性强度与蚂蚁体叠合图

图6-29　Jabung区块潜山风化带裂缝发育强度与蚂蚁体属性平面图

从叠前各向异性预测裂缝的机理来讲，该方法主要侧重检测高角度的、在平面上有一定方向性的裂缝组系，而对于那些风化淋滤作用形成的淋滤缝洞或者是岩石节理所形成的一些网状缝、低角度缝，由于各向异性特征较弱，不能进行有效预测，这也从根本上解释了基岩两种类型的储层预测方法存在差异的原因。叠前各向异性裂缝预测方法可以检测到高角度微裂缝的分布，而蚂蚁体等相干类属性反映构造形变引起的不同角度的构造裂缝，两种方法综合反映了构造裂缝的分布情况。

三、叠后风化带储层预测

1. 有色反演

有色反演的核心思想是运用地震振幅参数来刻画地震相。孔缝的存在必然造成地震波的能量、频率的不同，因此，可以用地震的振幅参数来反映裂缝的发育程度。有色反演主要用于四个方面：井震层序地层格架解释、多体构造层序解释、地震相研究、岩性圈闭预测（透镜体、前积体、角度不整合等）。本节用于基岩储层研究，相当于地震相研究预测储层。

有色反演方法是一种不依赖于井资料的反演方法。该方法在频率域定义反演算子，并资料只起到反演算子估算中希望输出的定义作用，反演只是一个反褶积过程，因此反演结果为阻抗，且振幅横向变化保持较好。该技术具有以下特点：（1）不需要初始模型约束；（2）没有明显的子波提取过程；（3）能保持振幅横向变化，有利于平面沉积成像。因此，有色反演的结果尊重地震资料，数值量级整体与井资料靠近，可以看作是一种具有反演意义的属性，满足地震岩性体的要求。

有色反演是基于频率域的一种反演算法，从方法上回避了计算子波或反射系数的欠定问题，以井旁反演结果与实际测井曲线的吻合程度作为参数优选的基本判定依据，保证了反演资料的可信度和可解释性，比较完整地保留了地震反射的基本特征（断层、产状），能够明显地反映岩相、岩性的空间变化。

有色反演关键步骤如下：

（1）对井的波阻抗做谱分析，以 NEB Base-1 井与 PANEN-1 井为例，两口井的阻抗值差异比较大，通过多井进行拟合（图6-30）；

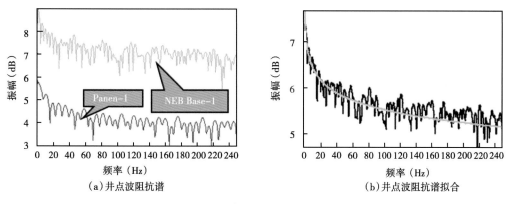

图6-30　频率域钻井波阻抗分析图

（2）对地震做谱分析，通过井点处地震波阻抗分析进行拟合（图6-31）；

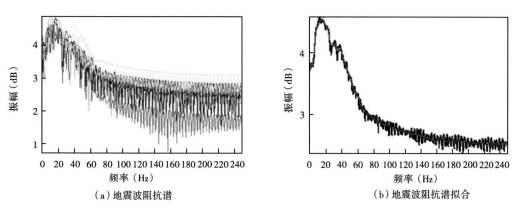

图6-31　频率域地震波阻抗分析图

（3）设计匹配算子使地震的谱和井的波阻抗谱匹配，分别求取频率域和时间域的算子（图6-32）。最后施加匹配算子到地震完成反演。

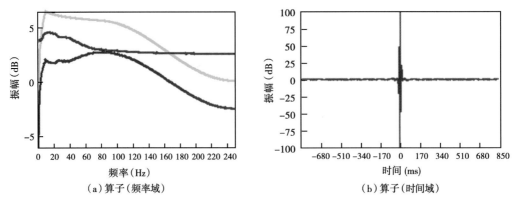

（a）算子（频率域）　　　　　　　　　（b）算子（时间域）

图 6-32　匹配算子图

从有色反演剖面中可以看出（图 6-33），纵向上分层特征明显，体现了基岩潜山顶面从风化林滤带到基岩裂缝带过渡的特征，横向上呈条带但不连续分布，和钻井吻合度较好，表征了风化带缝洞体横向分布不均匀的特点。

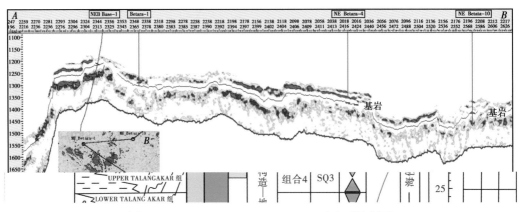

图 6-33　NEB Base-1—NEB Betara-1 有色反演剖面

运用层位进行控制，可以分别得到风化带及裂缝带的有色反演阻抗的平面展布，以此来预测储层的分布情况。该方法重点在于预测风化带孔隙型储层的分布，预测结果表明，风化带储层平面呈条带状、片状分布，分区分带特征明显，主要分布于两个构造带的高位。与潜山顶面古构造对比可以看出，风化带储层分布受古构造控制作用较明显，古构造高部位孔隙型储层相对较发育（图 6-34）。

2. 频谱成像

频谱成像的理论基础是薄层反射系统可产生复杂的谐振反射。由薄层调谐反射得到的振幅谱可确定构成反射的单个地层的声波特性之间的关系（如局部地质、流体、沉积相等），相位谱通过局部相位的非稳定性反映地层的横向不连续性，通过分析复杂岩层内频谱变化和局部相位的不稳定性，识别目标地层横向分布特征。

本节研究应用频谱成果原理，采用 Morlet 小波分析技术，通过检测由于孔缝分布的不均匀性而造成地震频谱的变化以及相位的不稳定性等特征，来实现储层发育区的预测。

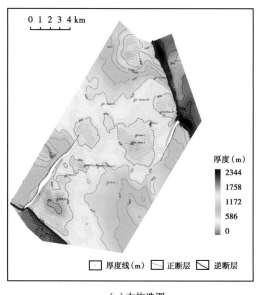

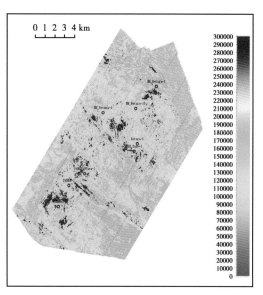

(a)古构造图   (b)风化带有色反演平面属性图

图 6-34　Panen-NEB 区块潜山顶面古构造与风化带有色反演属性对比图

　　小波分析的思想来源于伸缩与平移方法，它是一种窗口大小（即窗口面积）固定但其形状可改变，时间窗和频率窗都可改变的时频局部化分析方法，能根据高低频信号特点自适应的调整时—频窗，有着"数学显微镜"的美称。

　　小波分析是调和分析这一数学领域半个世纪以来的方法结晶，原则上讲，传统上使用傅里叶分析的地方，都可以用小波分析取代，它优于傅里叶分析之处在于：

　　（1）它在时域和频率域同时具有良好的局部化性质。

　　（2）小波基函数不是唯一的，有很多构造小波的方法和许多小波，不同小波有不同的特性，可分别用来逼近不同特性的信号，从而得到最佳的结果。傅里叶变换仅仅用正弦函数去逼近任意信号，没有选择的余地，因而逼近的效果不尽理想。

　　（3）小波分析是时频分析，即可在时域和频域内揭示信号特征。在不确性理论的前提下，频率较高时，它具有较宽的频率窗，而在频率较低时，它具有较宽的时间窗，更适合于不平稳、时变信号的分析。

　　（4）小波理论是建立在实变函数、复变函数、泛函分析、调和分析等近数学理论的基础上，涉及的知识是广博的。

　　风化带孔隙型储层采用振幅域频谱成像，分析目的层主频为 20Hz，因此采用 20Hz 频谱成像进行预测。后期研究证明，TWIST 域频谱成像对裂缝型储层也有较好地反映。

　　从频谱成像剖面图上可以看出（图 6-35），预测结果与井点钻遇的风化带储层吻合度较好，横向上呈条带但不连续分布，表征了风化带储层孔隙横向分布不均匀的特点。

　　通过解释层位控制，可以分别得到风化带和裂缝带频谱成像的平面图。从风化带频谱成像平面上来看，频谱成像预测风化带储层分布受古构造控制作用较明显，古构造高点孔隙型储层相对较发育，与有色反演预测结果基本一致（图 6-36）。

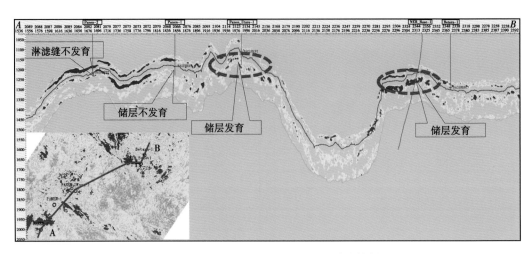

图 6-35   Panen-2—NEB Base-1 井频谱成像剖面

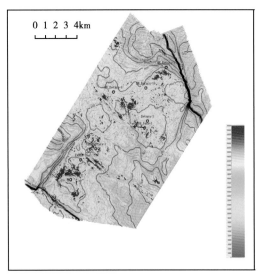

（a）有色反演平面属性图

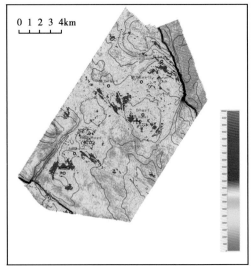

（b）小波变化频谱成像

图 6-36   Jabung 区块潜山风化带频谱成像与有色反演属性平面对比图

3. 叠后反演风化带储层预测

风化带是基岩潜山重要储集空间，孔缝较发育，因此在孔隙度、速度、波阻抗等方面与上下地层会存在差异，本节针对风化带储层进行叠后反演预测。

从前述分析可知，该区风化带厚度一般小于 100m，基岩层速度为 5100m/s 左右，地震主频 20Hz 左右，则地层调谐厚度为 5100m/（4×20），约为 64m。该区钻遇风化带厚度变化较大，局部地区地震反射能识别出风化带顶底界面，通过基于地震资料的叠后反演方法，可以把反射波组界面转换为岩层界面，便于识别刻画（图 6-37）。

风化带叠后反演，主要有以下几个关键步骤。

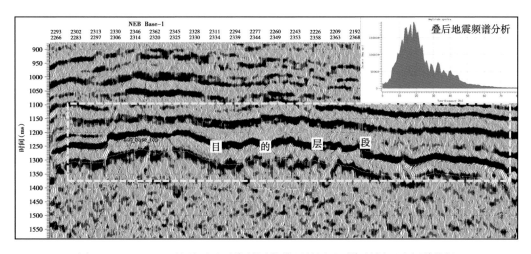

图 6-37　Jabung 区块叠后地震资料风化带目的层地震资料剖面及频谱分析

1) 风化带储层精细标定

合成记录标定的目的，就是建立深度域测井、地质和钻井资料与时间域地震资料之间的关系，是地震反演中很重要的工作。首先根据前面对该区地震资料频谱分析的结果，应用 Ricker 子波标定制作合成记录，然后提取井旁道子波精细标定。标定的过程中，主要考虑合成记录和井旁地震道在波组特征最大相关为原则的情况下，尽量使得地震解释层位和地质分层的最佳匹配（图 6-38）。

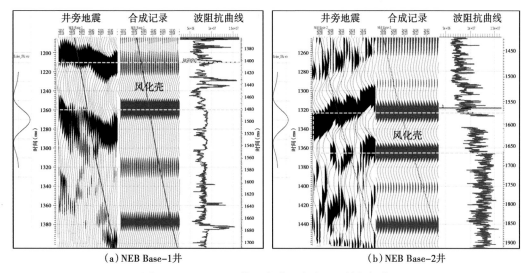

（a）NEB Base-1 井　　　　　　　　　（b）NEB Base-2 井

图 6-38　Jabung 区块基岩潜山合成记录精细标定

从波阻抗曲线上可以看出，从上到下波阻抗变大趋势明显，对风化带的波阻抗来说，其波阻抗较上覆地层大、较下伏地层小，整体处于中间位置，导致风化带顶底的波阻抗界面均从低阻到高阻变化，为正的反射系数，在正极性子波情况下，基本对应于地震的波峰反射，整体特征较为稳定。但由于岩性变化以及风化带风化程度的大小不同，这种阻抗特征会存在一定的变化，从而影响地震对其顶底界面的识别。

2）统计子波提取

地震子波提取的好坏直接影响波阻抗反演的质量。通过对50口井精确储层标定（图6-39），各井的子波形态、能量、振幅及频宽基本一致，主瓣能量集中，旁瓣小。提取统计子波的波形形态稳定（图中蓝色），能量主要集中在子波中央的主瓣上，并且向两边的旁瓣迅速衰减；子波的振幅谱宽度与地震资料的谱宽一致；子波相位基本为零相位，且在地震主频段内相位较为稳定；同时标定提取工作完成后，各井的时深关系全区较为一致，保持在一个合理的范围内，没有出现很大的偏差，表明合成记录标定准确，统计子波合理，为下一步反演奠定了基础。

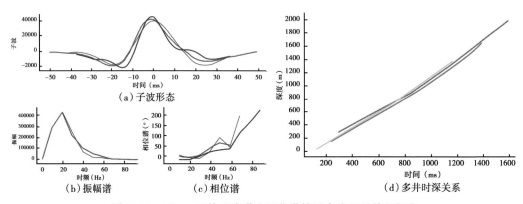

图6-39　Jabung区块基岩潜山风化带储层合成记录精细标定

3）三维地质模型建立

在解释层位的控制下，在目标层段建立符合地质沉积规律的地质沉积模型，然后根据所有标定好的阻抗曲线，优化内插建立阻抗模型，获得集地震、地质、测井信息为一体，含有丰富低频信息和高频信息的全频带的初始波阻抗模型。

4）反演处理

约束稀疏脉冲反演是建立在一个趋势约束的脉冲反演算法上，其基本出发点是地下的强反射系数界面不是连续分布而是稀疏分布的。具体做法是从地震道中根据稀疏的原则抽取反射系数，与子波褶积后生成合成地震记录，利用合成地震记录与原始地震道的残差修改反射系数，得到新的更密一些的反射系数序列，再做合成记录。在迭代过程中，用测井声波阻抗的趋势线和在趋势线两边定义的两条约束线来控制波阻抗的变化范围。

调试好参数后，约束稀疏脉冲反演对每一道依据目标函数对计算出的初始波阻抗进行调整，包括对反射系数的调整，得到了全区相对波阻抗数据体。该波阻抗数据不是全频带的，它缺少地震资料所缺失的低频和高频信息，高低频可由测井曲线内插得到的阻抗体（全频带）得到，将其低通滤波后的结果与反演的结果合并成为一个绝对波阻抗数据（图6-40）。

反演处理过程是一个不断认识、反复修正、逐步完善的过程。每处理出一次结果，处理人员和解释人员就一起对效果进行对比和分析，根据掌握的资料和地质认识，提出下一轮反演处理应改进的问题和措施。如此循环处理，最终得出符合要求的波阻抗反演数据体。

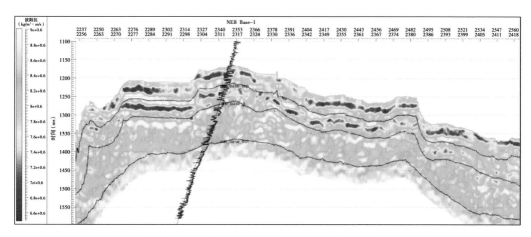

图 6-40　过 NEB Base-1 井全频带波阻抗剖面

5）反演效果分析及应用

反演结果最重要的一点是忠实于地震资料，达到无井区预测的目的，从 NEB Base-1 井—NEB Base-2 井连井地震与波阻抗叠合图上可以看出，两者相关性好，井间变化遵循地震变化规律，反演结果可靠合理（图 6-41）。

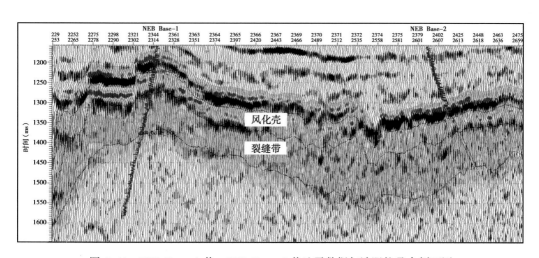

图 6-41　NEB Base-1 井—NEB Base-2 井地震数据与波阻抗叠合剖面图

总体上反演剖面横向变化自然，由于风化带孔缝发育程度及含油气程度的不同，地震波在速度、能量、频率等方面存在变化，在反演剖面上表现出强弱相间的变化特征，且与上覆地层、下伏裂缝带具有较明显的界面，易于识别，风化带具有明显的储层响应，与钻井吻合性较好（图 6-42）。

运用叠后反演的手段在于从地震速度的角度来预测风化带储层，并与其他预测方法进行对比，可以看出其结果与有色反演、频谱成像平面属性特征较一致，揭示了古构造高点风化带储层相对较发育，古构造对风化带储层有较明显的控制作用（图 6-43）。

综上所述，应用相干类属性、频谱成像、有色反演、叠后波阻抗反演、叠前各向异性

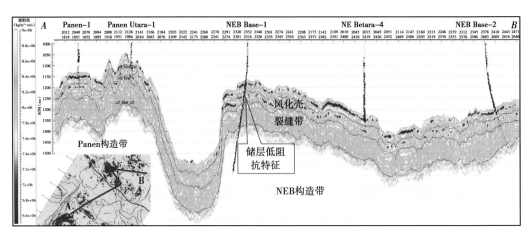

图 6-42 过 Panen-NEB 构造波阻抗剖面图

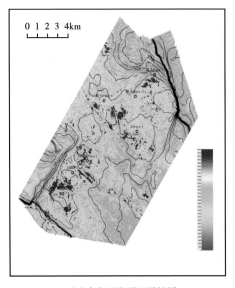

(a)有色反演平面属性图

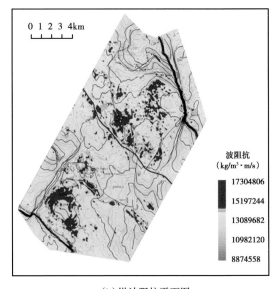

(b)纵波阻抗平面图

图 6-43 Jabung 区块潜山风化带有色反演平面属性及纵波阻抗平面图

及基于三维构造恢复的应力模拟裂缝预测等多种方法,对该区潜山两类储层的发育情况进行了预测。不同的方法所预测的储层侧重点不同:风化带储层以孔隙型为主,可从地震速度、波形、频率等角度进行分布预测;裂缝带储层以裂缝型为主,可从叠后相干、叠前各向异性角度进行分布预测。

基岩潜山储层的复杂性决定了它不可能用单一的预测方法就可以实现,只有多种方法联合使用,发挥各自的预测优势,相互佐证,预测分析的结果才会更为可靠合理。

地震反演、有色反演、频谱成像能预测风化带孔隙型储层,主要分布在 Panen 及 NEB 构造带古今构造的高部位,储层分布主要受古构造控制;叠后地震几何属性、三维构造裂缝预测与叠前各向异性一样,主要反映由构造活动引起的构造变形缝,其中叠前各向异性主要反映了高角度的构造裂缝,具有相互补充的作用,反映构造变形缝主要分布在断层附近以及古今构造变化较大的强变形区（图 6-44）。

风化带储层形成时间远早于生排烃时间，而大量构造缝形成时间与排烃期相当或略晚，因此风化带储层是基岩油气聚集的重要空间。

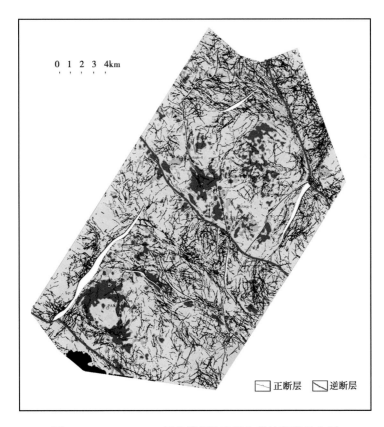

图 6-44　Panen-NEB 风化带蚂蚁追踪与纵波阻抗叠合图

第四节　基于叠前道集及叠后衰减的烃类检测

理论和实践证明，地层含油气后，能引起地震波在振幅、能量、频率等方面的变化，因此可以通过地震资料进行含油气预测。

一、AVO 含油气预测

AVO（amplitude versus offset）技术是一项利用振幅信息研究岩性，检测油气的重要技术，即利用 CDP 道集资料，分析反射波振幅随炮检距（即入射角）的变化规律，进一步推断地层的岩性和含油气情况。

AVO 技术的理论基础为佐普里兹方程（以纵波入射为例），当一个平面波倾斜入射到两种介质的分界面上，会产生四种波，即反射纵波（PR）、反射横波（SR）、透射纵波（PT）和透射横波（ST）（图 6-45）。根据边界条件解波动方程并引入反射系数（R_{pp} 和 R_{ps}）、透射系数（T_{pp} 和 T_{ps}），可以得到四个波的位移振幅满足的方程组，这个方程组是由

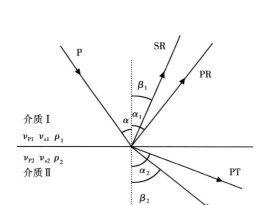

图 6-45　各种波质点位移方向示意图

佐普里兹 1919 年解出的，称为佐普里兹方程，它是研究 AVO 技术的理论基础和出发点：

$$\begin{bmatrix} R_{pp} \\ R_{ps} \\ T_{pp} \\ T_{ps} \end{bmatrix} = \begin{bmatrix} -\sin\theta_1 & -\cos\varphi_1 & \sin\theta_2 & \cos\varphi_2 \\ -\cos\theta_1 & -\sin\varphi_1 & \cos\theta_2 & -\sin\varphi_2 \\ \sin2\theta_1 & \dfrac{V_{p1}}{V_{s1}}\cos2\varphi_1 & \dfrac{\rho_2 V_{s2}^2 V_{p1}}{\rho_1 V_{s1}^2 V_{p2}}\cos2\theta_2 & \dfrac{\rho_2 V_{s2} V_{p1}}{\rho_1 V_{s1}^2}\cos2\varphi_2 \\ -\cos2\varphi_1 & \dfrac{V_{s1}}{V_{p1}}\sin2\varphi_1 & \dfrac{\rho_2 V_{p2}}{\rho_1 V_{p1}}\cos2\varphi_2 & \dfrac{\rho_2 V_{s2}}{\rho_1 V_{p1}}\sin2\varphi_2 \end{bmatrix} = \begin{bmatrix} \sin\theta_1 \\ \cos\theta_1 \\ \sin2\theta_1 \\ \cos2\varphi_1 \end{bmatrix}$$

由于精确的佐普里兹方程过于复杂，在实际应用中常用简化公式来代替精确的公式。凯福特（1955）、鲍特菲尔德（1961）、希尔特曼（1975）、罗沙（1976）、阿基和理查（1980）、舒伊（1985）等都提出了一系列的简化公式，在实际工作中一般广泛采用的舒伊的简化形式。舒伊的简化公式为

$$R_{pp} = P + G\sin^2\theta$$

其中　$P = P_0$；$G = A_0 R_0 + \dfrac{\Delta\sigma}{(1-\sigma)^2}$；$R_0 = \dfrac{\Delta V_p/V_p + \Delta\rho/\rho}{2}$；

$$B = \dfrac{\Delta V_p/V_p}{\Delta V_p/V_p + \Delta\rho_\rho}$$；$A_0 = B - (1+B)\dfrac{1-2\sigma}{1-\sigma}$

公式中包含几个重要的 AVO 属性，P 即是 AVO 截距，反映垂直入射反射振幅；G 为 AVO 梯度，反映振幅随偏移距的变化率。P 和 G 常用来提取零偏移距剖面和 AVA 属性分析。另外定义流体因子 $FF = P * G$，可以用这些有特殊物理意义的属性来进行 AVO 流体分析。

1. 叠前道集分析与处理

在 AVO 处理前，首先对道集资料进行分析，以便客观评价处理结果。从道集上可以看出（图 6-46），目的层最大深度 1500m，有效偏移距 900m，最大偏移距 1800m，目的层最大角度约 38°，有效角度范围为 23°左右，整体角度较小，道集反射轴较杂乱且不平直，总体道集质量较差，AVO 油气检测存在一定风险。

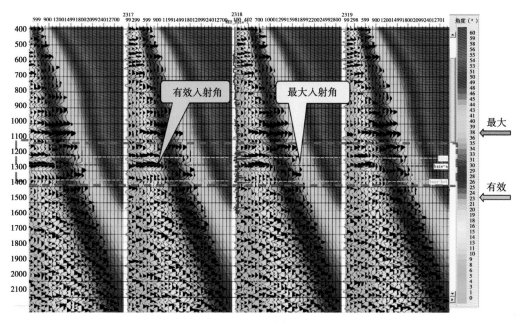

图 6-46 Inline2357 道集质量分析图

2. 流体置换及 AVO 类型

利用工区的横波、纵波以及密度测井资料，结合该井的岩性物理信息，运用褶积算法对单井含油气和含水层段进行弹性参数分析及 AVO 正演运算，结果表明气层顶部存在一定的 AVO 异常，把 NEB Base-1 井 1533.5～1548.5m 含气储层段进行流体替换，可以看出：把原状地层替换为纯含水、纯含油、纯含气的情况下，纵波速度变小，横波速度略变大，密度减小，泊松比减小（图 6-47）。在正演道集上，振幅变化肉眼无法分辨（图 6-48）。

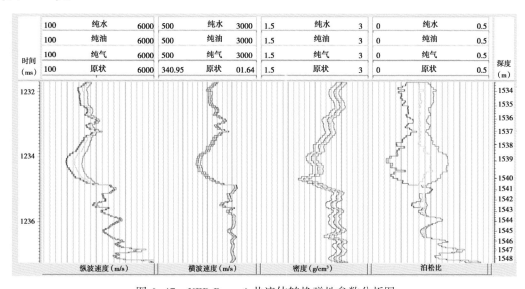

图 6-47 NEB Base-1 井流体转换弹性参数分析图

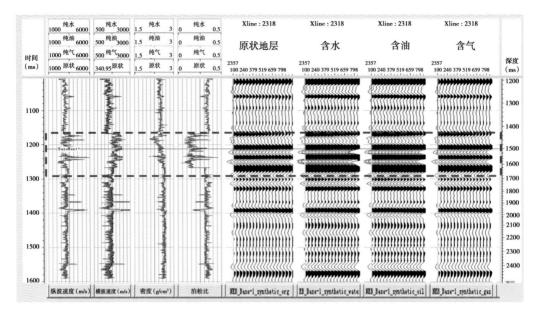

图 6-48　NEB Base-1 AVO 正演道集

从 AVO 正演道集的振幅谱上可以看出：气层顶原状地层具有振幅随着入射角的增加而增大的变化规律，把原状地层替换为油气和气层后，增幅更为明显，而水层的增加幅度最小（图 6-49）。

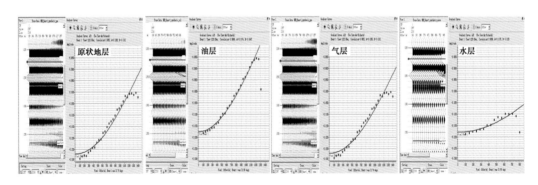

图 6-49　AVO 正演道集不同流体振幅变化图

通过与实际道集相比较基本吻合，即该区油气层具有振幅随着入射角的增加而增大的变化规律，属于第Ⅳ类 AVO 响应（图 6-50）。

3. AVO 属性分析

从前文正演分析可知，该区具有第Ⅳ类 AVO 响应特征。从理论图上可以看出小截距和大梯度为油气响应区域，圈取第Ⅱ象限和第Ⅳ象限属性点，在 PG 属性剖面与气层段有较好的对应关系（图 6-51）。

流体因子对油气反应更为直观和敏感，它是梯度与截距的乘积。从 NEB Base-1 井—NEB Base-2 井连井流体因子剖面可以看出，流体因子总体反映风化带含油气好于裂缝带，

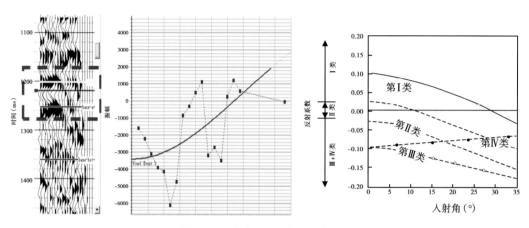

图 6-50 道集 AVO 响应及类型图

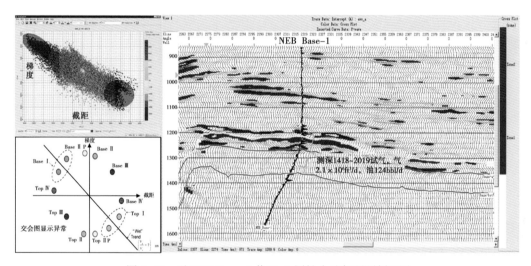

图 6-51 过 NEB Base-1 井 P-G 属性含油气预测剖面图

NEB-6 井和 NEB Base-2 井含油气情况比 NEB Base-1 差，钻井证明 NEB-6 井基岩风化带不含油气，NEB Base-1 井和 NEB Base-2 井与实钻比较吻合（图 6-52）。

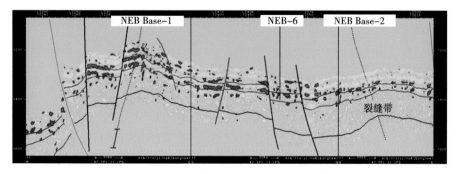

图 6-52 过 NEB Base-1 井—NEB Base-2 井流体因子剖面图

总体而言，流体因子属性能在一定程度上预测含油气情况。以构造解释的各层面为控制层，提取层间流体因子属性，分析其平面分布规律，对钻遇至基岩风化带的18口井进行统计，其中2口油气显示井未在预测有利区，3口无油气显示井位有利区内，共有6口井与钻井不吻合，其余12口井预测结果与实钻情况基本吻合，总体吻合率为67%（图6-53）。可能受叠前道集质量的影响，与井吻合较低，需要采取其他方法进行多属性的综合评价。

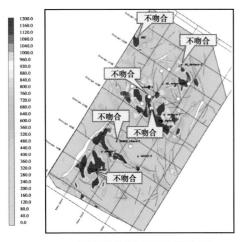

（a）风化带流体因子属性平面图　　　　　（b）裂缝带流体因子属性平面图

图6-53　流体因子平面属性图

二、叠前弹性反演含油气预测

弹性波阻抗反演技术（elastic impedance，EI）是利用地震资料反演地层波阻抗的地震特殊处理解释技术。根据 AVO 理论，零炮检距（或小炮检距）剖面可近似为声波阻抗（acoustic impedance，AI）的函数，它与岩石的密度和纵波速度有关。通常，声波阻抗对油层反应不敏感，因此，只用声波阻抗不能很好地识别油气。与声波阻抗（AI）相比，弹性波阻抗 EI（θ）与入射角有关，它包含了岩性和 AVO 信息。叠前弹性波阻抗反演技术利用不同炮检距地震数据及横波、纵波、密度等测井资料，联合反演出与岩性、含油气性相关的多种弹性参数，综合判别储层物性及含油性。正是由于叠前弹性波阻抗反演利用了大量的地震和测井信息，所以进行多参数分析的结果较叠后波阻抗反演在可信度方面有了很大提高，可对含油性进行半定量与定量描述。

1. 叠前弹性波阻抗反演的方法原理

1）弹性参数的物理意义

常见的弹性模量有如下几种。

杨氏模量 E（Young's Modulus）：它测量当纵向应力作用时所产生的纵向应变量，其表达式可写定义为

$$E = \frac{应力}{应变} = \frac{F/S}{\Delta L / L}$$

式中，E 为物体抗拉伸或挤压的力学参数，E 越大，表明抗拉伸或挤压的阻力越大；F 为拉力；S 为横截面积；L 为长度；ΔL 为伸长量。

剪切模量 μ（shear modulus）：表现为一种刚性，它是描述剪切应力与其相应的剪切应变间关系的弹性常量，其表达式为

$$\mu = \frac{剪切力}{剪切形变} = \frac{F/S}{\varphi}$$

式中，φ 为切变角；μ 为物体阻止剪切应变的力学参数，单位与应力相同。μ 越大，表示切应变越小，液体中 $\mu=0$。

体积模量 K（bulk modulus）：表现为一种不可压缩性，它是描述体应力（在物体的各个方向上产生均匀作用的力，即流体静压力）与物体相应的体积变化量之间关系的一个弹性常量，其表达式可写成

$$K = \frac{静压力}{体积相对变化} = \frac{p}{\Delta V/V}$$

式中，p 为流体静压力；$\Delta V/V$ 为体积的相对变化；K 表示物体的抗压性质，所以又称为抗压缩系数。

流体的体积模量是 AVO 分析中使用最多的弹性模量，固体和流体间的体积模量有很大的差别，不同流体间的体积模量也有明显的不同，如气体与水之间的体积模量差别就很大。因此，在一定的条件下，可以根据岩石的体积模量的差别来区分一些岩石和流体（油、水、气）。

拉梅常数 λ：该参数也是 AVO 分析中经常用到的一个弹性模量，和上面介绍的几种弹性模量不同，它不能在实验室中进行直接测量，也不像上面的几个弹性模量那样具有明确的物理意义，最近有学者对其进行了新的定义：拉梅常数是阻止物体侧向收缩所需的侧向张应力与纵向的拉伸形变之比，其表达式为

$$\lambda = \frac{横向应力}{纵向应变} = K - \frac{2}{3}\mu$$

式中，K 和 μ 分别为岩石的体积模量和剪切模量。

此外，除了上述的弹性参数外，岩石的泊松比也是非常重要的弹性反演参数。

泊松比 σ（Poisson's ratio）为轴向应变与纵向应变之比，其表达式可写为

$$\sigma = \frac{横向拉伸（或压缩）}{纵向压缩（或拉伸）} = \frac{\Delta d/d}{\Delta L/L}$$

σ 反映的是物体的横向拉伸（或压缩）对纵向的压缩（或拉伸）的影响，σ 越大，影响越小。其中负号表示两个应变的方向相反，泊松比与速度的关系可表示为

$$\sigma = \frac{(v_p/v_s)^2 - 2}{2[(v_p/v_s)^2 - 1]}$$

由上式可见，自然界中，泊松比的范围在 $0 \sim 0.5$ 之间变化，一般未胶结的砂土 σ 较高，而坚硬岩石的 σ 较小；当 $\sigma = 0.25$ 时的介质被称为泊松固体；流体的泊松比 $\sigma = 0.5$。

岩石的泊松比在进行振幅与炮检距的研究中起着非常重要的作用,在进行 AVO 岩性解释时,它是识别岩性和流体的主要参数。因为不同岩石的泊松比和同一岩石含不同流体的泊松比相对速度及密度参数而言具有较明显的差别,存在很小的叠合现象,所以岩石的泊松比更有利于识别岩性和流体。

岩石的泊松比受岩石成分、孔隙度、固结程度、原始地下条件(如温度和压力)、流体类型和孔隙形态等多种因素影响。对于沉积岩而言,这些影响因素可以分为两大类,即沉积岩的岩性和岩石物理特征,不同的沉积岩之间,其泊松比是有差别的(表6-1)。

表6-1 常见岩石的泊松比

岩性	泊松比
硬石膏	0.26~0.28
煤	0.40~0.45
致密白云岩	0.27~0.29
孔隙白云岩(盐水/气饱和)	0.26~0.23
致密灰岩	0.29~0.32
孔隙灰岩(盐水/气饱和)	0.28~0.25
泥灰岩	0.34
致密砂岩(石英为主)	0.17~0.26
盐水饱和的孔隙砂岩(石英为主)	0.22~0.28
含气的孔隙砂岩	0.1~0.24
未固结的砂岩(含气大于2%~5%)	0.15~0.24
未固结的砂岩(盐水/油饱和)	0.30~0.35
富含黏土的泥岩	0.36~0.44
富含方解石的泥岩	0.33~0.37
富含石英的泥岩	0.32~0.34
粉砂岩	0.28~0.33

2)Connolly 的 EI 反演公式

Connolly(1999)首次给出了弹性波阻抗计算公式,该方法存在的主要问题是求取的弹性波阻抗数值随着角度的变化而变化,无法与声波阻抗相对比,而且求取的反射系数不稳定(省略推导过程):

$$\mathrm{EI} = v_{\mathrm{p}}(1 + \sin^2\theta)v_{\mathrm{s}}(-8K\sin^2\theta)\rho(1 - 4K\sin^2\theta)$$

该公式求取的 EI 值随着角度(θ)的变化而变化,在综合分析声波阻抗与弹性波阻抗时,首先需要将弹性波阻抗变换为声波阻抗,给实际工作造成不便。

3)归一化的 Connolly 的 EI 反演公式

2002 年,Whitcombe 对 Connolly(1999)的公式(6-8)进行了归一化,得到了弹性阻抗的计算公式:

$$\mathrm{EI}(\theta) = \alpha_0\rho_0\left(\frac{\alpha}{\alpha_0}\right)\left(\frac{\beta}{\beta_0}\right)^b\left(\frac{\rho}{\rho_0}\right)^c$$

这样 EI(0) = $\alpha_0\rho_0$ 即为声波阻抗值。该式子引入了常数 $\alpha_0\rho_0$ 作为参考值，把弹性波阻抗归一化到声波阻抗的尺度上。

4）Whitcombe 的扩展 EI 反演公式

2002 年，Whitcombe 提出了扩展弹性波阻抗（EEI），经变化推导后，扩展弹性波阻抗的公式变为

$$\mathrm{EEI}(x) = \alpha_0\,\rho_0\left[\left(\frac{\alpha}{\alpha_0}\right)^p\left(\frac{\beta}{\beta_0}\right)^q\left(\frac{\rho}{\rho_0}\right)^r\right]$$

式中，$p = (\cos x + \sin x)$；$q = -K\sin x$；$r = (\cos x - 4K\sin x)$。

式（6-10）即为扩展弹性波阻抗，简写为 EEI，具有以下两个显著的优点。

（1）由于用 $\tan x$ 代替了 $\sin^2\theta$，因此方程定义在 $\pm\infty$，而非 $\sin^2\theta$ 所限制的 $[0\ 1]$ 区间，可以计算一些具有特殊意义的弹性参数，可用于岩性和流体预测。

（2）引入了常数 v_{P_0}、v_{S_0}、ρ_0 把弹性波阻抗归一化到声波阻抗的尺度上。

综合上面的理论分析，在叠前 EI 反演中，主要采用 Whitcombe 提出的扩展的 EI 反演公式进行计算。

2. 叠前弹性波阻力反演的计算流程

叠前弹性波阻抗反演流程如图 6-54 所示，其包含了四项关键技术：

（1）基于流体替换模型的井中横波速度反演技术；（2）与偏移距有关的子波反演技术；（3）复杂地质构造情况下弹性波阻抗建模技术；（4）纵横波阻抗、泊松比、拉梅系数和剪切模量反演技术。

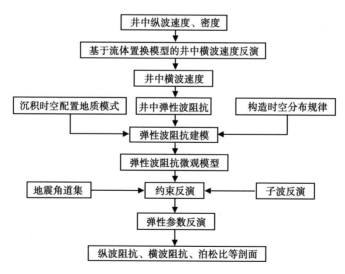

图 6-54　叠前弹性波阻抗反演的计算流程图

3. 基岩潜山横波反演

1）井中横波反演

基于收集到的 NEB Base-1、Panen-1、Panen-2 及 Panen Utara-1 井共四口井的横波测井资料。通过对每口井的纵横波交会分析（图 6-55），发现 NEB Base-1 井纵横波基本

不存在相关性，其余三口井的纵横波相关性好。因此，判定该井的横波资料存在问题，不能用于叠前反演。需要通过基于 Gassmann 岩石物理方程的 Xu-White 算法，应用纵波声波时差、密度、泥质含量、孔隙度、含水饱和度和骨架、流体的各种弹性参量，反演井中横波速度。

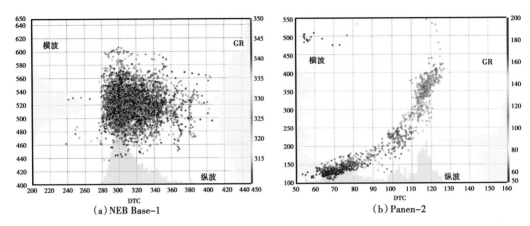

(a) NEB Base-1　　　　　　(b) Panen-2

图 6-55　NEB Base-1 井与 Panen-2 井纵横波交会对比图

在横波反演过程中，利用井原始声波时差和密度曲线作为质控曲线，调节岩石物理参数，以所建立的岩石物理模型计算出的纵波和密度曲线和原始声波时差、密度达到最佳拟合作为横波反演的最佳参数。

最后进行多井纵横波交会，相关性较好，反演预测的横波和另外三口井纵横波交会趋势一致（图 6-56），证实了预测横波的可靠性，可以用来进行下一步的弹性波阻抗反演。

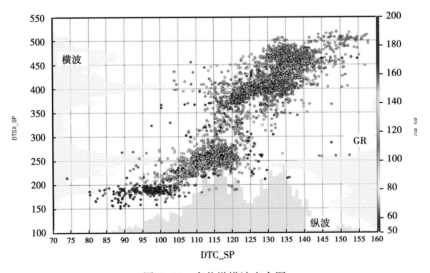

图 6-56　多井纵横波交会图

2）弹性参数交会分析

根据利用井上的横波、纵波和密度曲线，计算单井的泊松比、拉梅系数、剪切模量、纵横波速度比等弹性参数，将这些参数与井中储层比较，优选该区的敏感弹性参数。从交会图上可以看出，密度、纵波阻抗、孔隙度对含流体岩性比较敏感，含油气储层具有低横波阻抗、低 Lambda 特征。叠前弹性反演储层含油气性预测具可行性（图 6-57）。

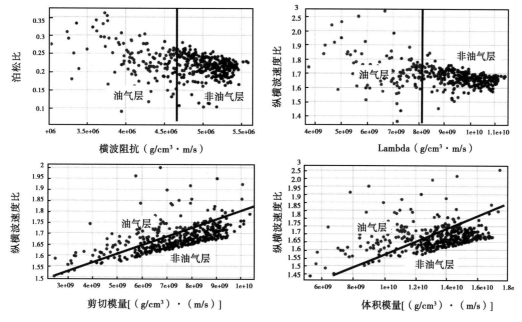

图 6-57　NEB Base-1 井测井参数及弹性参数交会油气识别图

3）叠前反演处理及效果

根据叠前道集分析情况，该区有效入射角范围较小，完成三个角度道集的叠加，然后利用纵波、横波和密度曲线提取 7°、17° 和 27° 的弹性阻抗曲线，完成三个入射角的标定工作，三个角度波阻抗标定的时深关系不变，只是稍微调整子波主频，使得标定更加精确，通过交互标定，分别提取子波。在此基础上，选用地震分形插值技术建立弹性波阻抗模型，采用广义线性反演技术反演各个角度的地震子波，得到与入射角有关的弹性阻抗。最后对不同入射角度的弹性波阻抗反演纵横波阻抗，进而获得泊松比、拉梅系数、剪切模量等弹性参数。

根据弹性参数分析的结果，采用纵波阻抗、Lambda、v_p/v_s 进行含油气预测，从过 NEB Base-1 井叠前反演剖面可以看出（图 6-58、图 6-59），Lambda 和 v_p/v_s 对含油气性有一定的识别能力，反映风化带含油气好于裂缝带，与 NEB Base-1 井有较好的吻合性。

通过构造解释层作为控制层，提取风化带的纵波阻抗及 Lambda 属性，与前文风化带溶蚀孔缝预测结果比较，两者分布规律具有较一致的特征，油气主要分布两个构造带的高位，证实风化带缝洞具有较好的含油气性，此外，在 Panen 构造南部斜坡，裂缝预测表明构造形变缝较发育，油气预测结果表明可能在斜坡带上发育受构造缝主控的岩性油气藏。

提取风化带 Lamdba 平面属性，反映可能含油气区，对 18 口井进行统计，结果与 3 口钻井不吻合，钻井吻合率为 83%，高于 AVO 预测结果（图 6-60）。

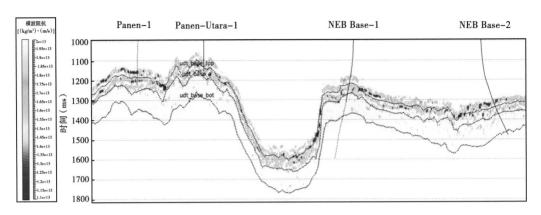

图 6-58　Mu * Rho 弹性参数叠前反演剖面

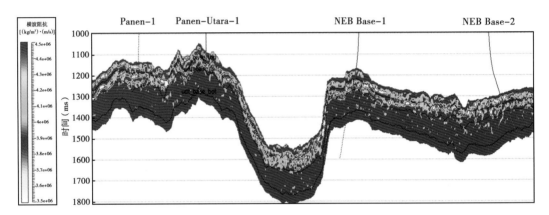

图 6-59　横波阻抗叠前反演剖面

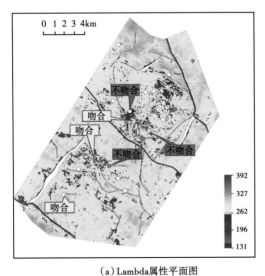

（a）Lambda属性平面图

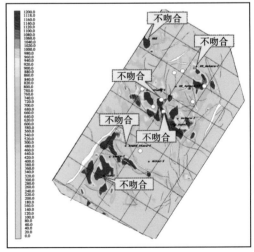

（b）流体因子属性平面图

图 6-60　风化带流体因子及 Lambda 属性平面图

三、叠后高频衰减油气预测

地震波的运动学特点和动力学特点与地震介质的特征有关，弹性波吸收性质是地震介质的重要特性之一。根据地层吸收性质与岩相、孔隙度、含油气成分等的密切关系，可以用它来预测岩性，在有利的条件下可以用来直接预测油气的存在。理论上，当储层中孔隙比较发育而且饱含气时，地震波中高频能量衰减要比低频能量衰减要大。通过提取高频端的衰减梯度属性，可以间接地检测储层含气发育特征。当流体为油气时，地震记录上具有更为明显的"低频共振、高频衰减"动力学特征。分析表明，气层的频谱特征除有少许在低频、高频处都没有明显变化外，其他气层均出现"低频增加"或"高频衰减"现象，或两种现象都有，并且根据低频增加和高频衰减的区域可以计算含气区的面积（图 6-61）。

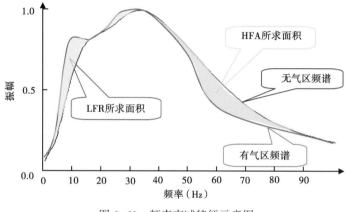

图 6-61　频率衰减特征示意图

烃类检测的效果一般都必须从已知井出发，根据已知井的反射特征来预测空间上可能油气层的分布规律。该区钻遇基岩风化带钻井共 18 口，其中 NEB Base-1 井在 1418～2019m 进行测试，获气 $2.1×10^6ft^3/d$，油 124bbl/d，Panen Utara-1 井 1349～1436m 测试，获气 $1.205×10^6ft^3/d$，油 0.5bbl/d，其余有 Panen-2、Panen Utara-2、NEB Base~2 井在基岩有较好气测显示。从过 NEB Base-1 井的吸收衰减剖面及能量衰减 15% 的频度剖面上可以看出，基岩风化带对气层具有较好反映，与实钻井吻合度较高（图 6-62）。

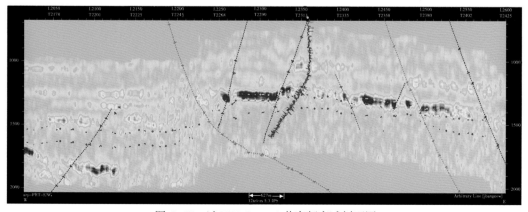

图 6-62　过 NEB Base-1 井高频衰减剖面图

运用解释层位，采用层间控制法提取平面属性，得到风化带和裂缝带频率衰减平面分布图。总体上，叠后高频衰减油气检测结果与叠前弹性反演预测结果较一致，反映了该区基岩风化带构造高位的风化孔隙型储层具有含油气可能，含油气预测结果在一定程度反映该区油气分布规律。由于弹性反演进行了测井约束，因此其结果更为可靠，钻井吻合率为86%（图6-63），在后期综合评价中，优先选用叠前反演油气预测成果。

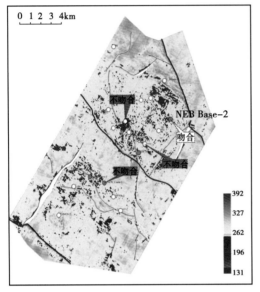 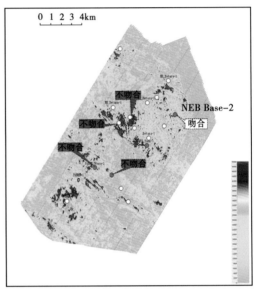

（a）Lambda属性平面图 （b）高频衰减属性平面图

图6-63 风化带高频衰减与Lambda属性平面对比图

参 考 文 献

Hongliu Zeng, T. F. Hentz. 2007. 源于地震沉积学的高精度层序地层学应用：以路易斯安那近海老虎滩地区 50 号中新统弗米利恩区块为例. 世界地震译丛，3：54-74.

Hongliu Zeng. 钱华译. 2002. 委内瑞拉马拉开波湖 Mioceno Norte 油田的地震沉积学和区域性沉积体系. 国外油气地质信息，6：36-45.

蔡希源，陈章明，王玉华，等. 1999. 松辽两江地区石油地质分析. 北京：石油工业出版社.

陈信平. 1997. 漫谈 AVO [J]. 中国海上油气，17（1）：51-56.

程冰洁，张玉芬. 2009. AVO 简化方程的物理意义及其在油气识别中的应用. 物探化探计算技术，25（1）：26-30.

池英柳，张万选，张厚福，等. 1996. 陆相断陷盆地层序成因初探. 石油学报，17（3）：19-26.

邓宏文. 1995. 美国层序地层学研究中的新学派——高分辨率层序地层学. 石油与天然气地质，16（2）：89-97.

丁翠平，雷安贵. 1999. 岩性油藏预测技术. 石油勘探与开发，26（1）：6-9.

冯敬英，何建军，高向东，等. 1999. 辽河油田某地区孔隙度的预测. 矿物岩石，19（4）：25-28l.

冯有良. 2005. 断陷盆地层序格架中岩性地层油气藏分布特征. 石油学报，26（4）：17-22.

龚再升，李思田，等. 1997. 南海北部大陆边缘盆地分析与油气聚集. 北京：科学出版社.

龚再升，李思田，等. 1997. 南海北部大陆边缘盆地分析与油气聚集. 北京：科学出版社.

顾家裕. 1995. 陆相盆地层序地层学格架概念及模式. 石油勘探与开发，22（4）.

顾家裕，等. 1996. 塔里木盆地沉积层序特征及其演化. 北京：石油工业出版社.

郭巍，刘招君. 1997. 松辽盆地西部斜坡区坳陷期层序地层发育控制因素分析. 长春地质学院学报，27（3）.

贺保卫，潘仁芳，莫午零，等. 2005. 用 AVO 方法从定性到半定量检测砂岩含气性. 断块油气田，12（1）：19-20.

胡朝元，孔志平，廖曦. 2002. 油气成藏原理，北京：石油工业出版社.

黄思静，谢连文，张萌，等. 2004. 中国三叠系陆相砂岩中自生绿泥石的形成机制及其与储层孔隙保存的关系. 成都理工大学学报（自然科学版），31（3）：273-281.

黄绪德. 2003. 油气预测与油气藏描述. 南京：江苏科学技术出版社.

姜在兴，操应长. 2000. 砂体层序地层及沉积学研究——以山东惠民凹陷为例. 北京：地质出版社.

解习农，等. 1996. 陆相盆地幕式构造旋回与层序构成. 地球科学—中国地质大学学报，21（1）：27-33.

李鸿明，胡红，夏青松，等. 2014. 蠡县斜坡西柳地区沙河街组尾砂岩高分辨率层序地层学研究. 重庆科技学院学报（自然科学版），06：12-15.

李玲，等. 1998. 用地震相干数据体进行断层自动解释. 石油地球物理勘探，33（增刊）：105-111.

李明，朱爱华，金振华. 1999. 地震反演技术在浅层岩性油气勘探中的应用. 断块油气田，6（2）：5-8.

李丕龙，等. 2003. 陆相断陷盆地油气成藏组合，北京：石油工业出版社.

李思田，等. 1992. 鄂尔多斯盆地东北部层序地层及沉积体系分析. 北京：地质出版社.

李增学. 含煤盆地层序地层学. 北京：地质出版社，2000.

林小云，邓晓晖，薛颖，等. 2015. 蠡县斜坡北段古近系沙河街组一段油气来源分析. 油气藏评价与开发，02：1-6.

刘峰，蔡进功，吕炳全，等，2009. 辽河兴隆台变质岩潜山油气来源及成藏模式. 同济大学学报（自然科学版），37（8）：1109-1115.

刘浩杰. 2009. 地震岩石物理研究综述. 油气地球物理，7（3）：1-8.

刘亚明，张春雷. 2012. 南苏门答腊盆地 Betara 隆起油气成藏特征与主控因素分析. 地质与勘探，48

（3）：637-644.

刘云武，孙学继，金张虎．2000．高分辨率地震岩性圈闭识别技术．大庆石油地质与勘探，19（6）：46-47

刘招君．1997．湖盆层序地层学术语体系及模式——以松辽盆地西部斜坡区为例．长春地质学院学报，27（11）．

马红岩，闫宝义，于培峰，等．2013．饶阳凹陷蠡县斜坡中部沙一下亚段碳酸盐岩沉积储层及油藏特征．中国石油勘探，06：25-33.

尼得尔．1989．砂岩油气藏的地震勘探．北京：石油工业出版社，175-189.

钱凯．1997．层序地层学的产生、发展与应用（代序）//顾家裕，邓宏文，朱筱敏．层序地层学及其在油气勘探开发中的应用．北京：石油工业出版社，1-3.

屈晓艳，何洪春．2015．赛汉塔拉凹陷断裂系统及其控藏作用．四川地质学报，01：68-71.

孙鹏远，孙建国，卢秀丽．2002．P-P波AVO近似对比研究：定量分析．石油地球物理勘探，37（S）：172-179.

唐建伟．2008．地震岩石物理学研究有关问题的探讨．石油物探，47（4）：398-405.

童晓光，何登发．2001．油气勘探原理和方法．北京：石油工业出版社．

童晓光，杨福忠．2005．印尼油气资源及中国石油合同区块现状．中国石油勘探，2：58-62.

王东坡，刘招君，刘立，等．1991．松辽盆地演化与海平面升降．北京：地质出版社．

王光奇，漆家福，岳云福．2003．歧口凹陷及周缘新生代构造的成因和演化．地质科学，38（2）：

王宁，陈宝宁，翟剑飞．2000．岩性油气藏形成的成藏指数．石油物探与开发，27（6）：428.

王向公，胥博文，张清慧．2010．蠡县斜坡储层主控因素分析及测井解释方法研究．石油天然气学报，05：11-15.

王彦仓，秦凤启，金凤鸣，等．2010．饶阳凹陷蠡县斜坡三角洲前缘薄互层砂泥岩储层预测．中国石油勘探，02：59-63.

王永莉，周赏，李楠，等．2013．缓坡带构造—岩性复合油藏解释技术及效果——以饶阳凹陷蠡县斜坡为例．石油地球物理勘探，S1：125-130.

魏魁生．1996．非海相层序地层学一以松辽盆地为例．北京：地质出版社．

吴东胜，王正允，王方平，等．1995．应用地震波速度预测砂岩孔隙度．石油与天然气地质，16（3）：290-293.

熊定钰，等．2010．保持地震记录叠前AVO属性的噪声衰减方法．石油地球物理勘探，6：856-860.

徐怀大．1993．层序地层学原理．北京：石油工业出版社．

徐怀大．1997．从地震地层学到层序地层学．北京：石油工业出版社．

徐怀民，李真济，任怀强．1998．陆相断陷盆地含油气系统综合评价．东营：石油大学出社．

徐胜峰，李勇根，曹宏．2009．地震岩石物理研究概述．地球物理学进展，24（2）：680-691.

徐仲达，屠浩敏，邬庆良．1991．平面波反射系数与AVO技术．石油物探，30（3）：1-210.

薛良清，杨福忠，马海珍，等．2005．南苏门答腊盆地中国石油合同区块成藏组合分析．石油勘探与开发，32（3）：130-134.

薛良清，杨福忠，马海珍，等．2005．南苏门答腊盆地中国石油合同区块成藏组合分析．石油勘探与开发，32（3）：130-134.

薛良清，杨福忠，马海珍，等．2006．中国石油印尼项目的勘探实践，中国石油勘探，11（6）．

杨帆，于兴河，李胜利，等．2010．冀中坳陷蠡县斜坡油藏分布规律与主控因素研究．石油天然气学报，04：37-41.

杨帆，邹才能，侯连华，等．2012．坳陷湖盆浅水三角洲沉积特征与油气成藏研究——以饶阳凹陷蠡县斜坡为例．特种油气藏，03：26-30.

杨凤丽, 张善文. 2001. 多场信息预测基岩潜山裂缝油气储层——CB潜山应用实例. 石油地球物理勘探, 36（3）：319-325.

杨福忠, 薛良清, 洪国良, 等. 2015. 南苏门答腊弧后盆地成藏组合特征及勘探实践. 北京：石油工业出版社, 65-88.

杨福忠, 薛良清, 洪国良, 等. 2015. 南苏门答腊盆地弧后裂谷盆地成藏组合特征及勘探实践. 北京：石油工业出版社.

杨剑萍, 李亚, 陈瑶, 等. 2014. 冀中坳陷蠡县斜坡沙一下亚段碳酸盐岩滩坝沉积特征. 西安石油大学学报（自然科学版）, 06：21-28+7.

杨绍国, 周熙襄. 1994. Zoeppritz方程的级数表达式及近似. 石油地球物理勘探, 29（4）：399-412.

杨志芳, 曹宏. 2009. 地震岩石物理研究进展. 地球物理学进展, 24（3）：893-899.

殷八斤, 曾灏, 杨在岩. 1995. AVO技术的理论与实践. 北京：石油工业出版社.

云美厚, 高君, 贺玉山, 等. 2004. 储层速度和密度与孔隙度、泥质含量以及含水饱和度的关系. 勘探地球物理进展, 27（2）：104-107.

张峰, 李胜利, 黄杰, 等. 2015. 华北蠡县斜坡油气藏分布、成藏模式及主控因素探讨. 岩性油气藏, 05：189-195.

张刚, 等. 1998. 含油气系统——从烃源岩到圈闭. 北京：石油工业出版社.

张淑娟, 王延斌, 梁星如, 等. 2011. 蚂蚁追踪技术在潜山油藏裂缝预测中的应用. 断块油气田, 18（1）：51-54.

张万选, 张厚福, 曾洪流, 等. 1988. 陆相断陷盆地区域地震地层学研究. 东营：石油大学出版社.

张永刚, 许卫平, 王国力. 2006. 中国东部陆相断陷盆地油气成藏组合体. 北京：石油工业出版社.

赵文智, 等. 2003. 中国含油气系统基本特征与评价方法. 北京：科学出版社.

赵贤正, 卢学军, 崔周旗, 等. 2012. 断陷盆地斜坡带精细层序地层研究与勘探成效. 地学前缘, 01：10-19.

郑晓东. 1991. Zoeppritz方程的近似及其应用. 石油地球物理勘探, 26（2）：129-144.

郑晓东. 1992. AVO理论和方法的一些新进展. 石油地球物理勘探, 27（3）：305-317.

邹才能, 张颖. 2002. 油气勘探开发实用地震新技术. 北京：石油工业出版社, 275-321.

Abbott M J, Chamalaun F H, 1981. Geochronology of some Banda Arc volcanics. In：Barber, A. J. , Wiryosujono, S. （Eds. ）, The Geology and Tectonics of Eastern Indonesia. Geol. Res. Div. Cent. , Spec. Publ. 2, 253-268.

Adiwidjaja P, and de Coster G L, 1973. Pre-Tertiary paleotopography and related sedimentation in South Sumatra：Indonesian Petroleum Association Second Annual Convention, June 1973, p. 89-103.

Adnan A, Sukowitono, and Supriyannto. 1991. Jatibarang sub basin -a half graben model in the onshore of northwest Java：Proceedings of the Twentieth Annual Convention, Indonesian Petroleum Association, v. 1, p. 279-297.

Aki Richards P G. 1980. Quantitative seismology：Theory and methods. W. H. Freeman and Co.

Allemand P, Brun J P, 1991. Width of continental rifts and rheological layering of the lithosphere. Tectonophysics 188, 63-69.

Allen P A, Allen J R. 1990. Basin analysis：principles and applications ［M］. Blackwell, Oxford,

Anderson D L, Zang Y S, Tanimoto T. 1992. Plume heads, continental lithosphere, flood basalts and tomography. // Storey B C, Alabaster T, Pankhurst R J. （Eds. ）. Magmatism and the Causes of Continental Break-up. Spec. Publ. -Geol. Soc. Lond. , vol. 68, pp. 99-124.

Armon J, et al. 1995, Complimentary role of seismic and well data in identifying upper Talang Akar stratigraphic sequences -Widuri Field area, Asri Basin// Caughey C A, et al. , eds. International Symposium on Sequence Stratigraphy in S. E. Asia：Proceedings of the Indonesian Petroleum Association, p. 289-309.

Artyushkov E V. 1992. The role of stretching on crustal subsidence. Tectonophysics 215, 187-207.

Auzende J M, Eissen J P, Lafoy Y, Gente P and Charlou J L. 1988. Seafloor spreading in the North Fiji Basin (Southwest Pacific). Tectonophysics, 146: 317-351.

Baorich M and Farmer S. 1995. 3-D seismic discontinuity for faults and stratigraphic features: The coherence cube. The Leading Edge, 14 (10): 1053-1058.

Beach A, et al. 1997 Fault seal analysis of SE Asian basins with examples from West Java// Frase A J, Matthews S J, and Murphy R W, eds. Petroleum Geology of Southeast Asia: Geological Society Special Publication No. 126, p. 185-194.

Bellon H, Rangin C. 1991. Geochemistry and isotopic dating of Cenozoic volcanic arc sequences around the Celebes and Sulu seas. Proc. ODP, Sci. Results 124, 321-338.

Berry R F, & Grady A E. 1987. Mesoscopic structures produced by Plio-Pleistocene wrench faulting in South Sulawesi, Indonesia. Journal of Structural Geology, 9, 563-571.

Biot M A. 1956. Theory of propagation of elastic waves in fluid-saturated porous solid I. Low frequency range: J Acoust Soc Am, 28: 169-178.

Biot M A. 1956. Theory of propagation of elastic waves in fluid-saturated porous solid II [J]. High frequency range: J Acoust Soc Am, 28: 179-191.

Bishop M G. 2001. South Sumatra basin province, Indonesia: the Lahat/Talang Akar-, Cenozoic total petroleum system. USGS Open-File Report 99-50-S.

Bishop M G. 1988. Clastic depositional processes in response to rift tectonics in the Malawi Rift, Malawi, Africa: Masters Thesis, Duke University, 122 pp.

Bishop M G. 2000. Petroleum systems of the northwest Java province, Java and offshore southeast Sumatra, Indonesia: USGS Open-file report 99-50R.

Bowin C, Purdy G M, et al. 1980. Arc-continent collision in Banda Sea region. Am. Assoc. Pet. Geol. Bull. 64 (6), 868-915.

Brias A, Patriat A and Tapponnier P. 1993. Updated interpretation of magnetic anomalies and seafloor spreading stages in the South China Sea: Implication for the Tertiary tectonics of Southeast Asia. J. Geophys. Res., 98: 6299-6328.

Brook D A, et al. 1984. Characteristics of back-arc regions. Tectonophysics 102: 1-16.

Butterworth P J, Purantoro R, and Kaldi J G. 1995. Sequence stratigraphic interpretations based on conventional core data: an example from the Miocene upper Cibulakan Formation, offshore Northwest Java// Caughey C A, et al, eds. International Symposium on Sequence Stratigraphy in S. E. Asia: Proceedings of the Indonesian Petroleum Association, p. 311-325.

Cardwell R K, Isacks B L. 1978. Geometry of the subducted lithosphere beneath the Banda Sea in eastern Indonesia from seismicity and fault plane solutions. J. Geophys. Res. 83 (B6), 2825-2838.

Chamot-Rooke N, Renard N and Le Pichon X. 1987. Magnetic anomalies in the Shikoku Basin: a new interpretation. Earth Planet. Sci. Lett., 83: 214-218.

Cole J M, and Crittenden S. 1997. Early tertiary basin formation and the development of lacustrine and quasi-lacustrine/marine source rocks on the Sunda Shelf of SE Asia // Fraser A J, Matthews S J, and Murphy R W, eds. Petroleum Geology of Southeast Asia: Geological Society Special Publication No. 126, p. 147-183.

Courteney S, Cockcroft P, Lorentz R, Miller R, Ott H L, Prijosoesilo P, Suhendan A R, and Wight A W R, eds, 1990. Indonesia-Oil and Gas Fields Atlas Volume III: South Sumatra; Indonesian Petroleum Association Professional Division, p., one map.

Courteney S, Cockcroft P, Miller R, Phoa R S K, and Wight A W R, eds. 1990. Indonesian Oil and Gas Fields

Atlas Volume IV: Java: Indonesian Petroleum Association, 340 p. , 2 maps.

Courteney S, et al. 1989. Indonesia Oil and Gas Fields Atlas Volume IV: Java: IPA Professional Division Oil and Gas Fields Atlas Sub-Committee, 249 pp. , 2 maps.

Cross T A and Lessenger M A. 1996. Sediment volume partitioning: rational for stratigraphic model evaluation and high-resolution statigraphic correlation. Accepted for publication in Norwegian petroleum-forming conference volume "Predictive High-Resolution Sequence Stratigraphy".

Daly M C et al. 1991. Cenozoic plate tectonics and basin evolution in Indonesia. Marine and Petroleum Geology, 8: 2-21.

Doust Harry, Lijmbach Gerard. 1997. Charge constraints on the hydrocarbon habitat and development of hydrocarbon systems in Southeast Asia Tertiary basins // Howes J V C, and Noble R A, eds. Proceedings of an International Conference on Petroleum Systems of SE Asia & Australasia: Indonesian Petroleum Association, 20 p. 115-125.

Fatti J L, Smith G C, Vail P J, et al. 1994. Detection of gas in sandstone reservoirs using AVO analysis Geophysics, 59 (9): 1362-1376.

Galloway W E. 1989a. Genetic stratigraphic sequences in basin analysis I: architecture and genesis of flooding-surface bounded depositional units. AAPG Bulletin. 73 (2): 125-142.

Galloway W E. 1989b. Genetic stratigraphic sequences in basin analysis II: application to northwest Gulf of Mexico Cenozoic basin. AAPG Bulletin. 73 (2): 143-154.

Gassman F. 1951. Uber die elastizatat porposer median: Viertel jahrsschr. Der Naturforsch. Gesellchaft Zurich. 96: 1-21.

Gawthorpe R L and Leeder M R. 2000. Tectono-sedimentary evolution of active extensional basins. Basin Research. 12: 195-218

Gawthorpe R L, Fraser A J, & Collier R E L. 1994. Sequence stratigraphy in active extensional basins: implications for the interpretation of ancient basin-fills. Marine and Petroleum Geology, 11 (6), 642-658.

Gawthorpe R L. Sharp I, Underhill J R, & Gupta S. 1997. Linked sequence stratigraphic and structural evolution of propagating normal faults. Geology, 25, 795-798.

Gordon T L. 1985. Talang Akar coals—Ardjuna subbasin oil source: Proceedings of the Fourteenth Annual Convention Indonesian Petroleum Association, v. 2, p. 91-120.

Gresko M, Suria C, and Sinclair S. 1995. Basin evolution of the Ardjuna rift system and its implications for hydrocarbon exploration, offshore Northwest Java, Indonesia: Proceedings of the Twenty Fourth Annual Convention Indonesian Petroleum Association, p. 147-161.

Hall. Robert. 1997a. Cenozoic tectonics of SE Asia and Australasia // Howes J V C, and Noble R A, eds. Proceedings of an International Conference on Petroleum Systems of SE Asia & Australasia: Indonesian Petroleum Association, p. 47-62.

Hall Robert. 1997b. Cenozoic plate tectonic reconstructions of SE Asia // Fraser A J, Matthews S J, and Murphy R W. eds. Petroleum Geology of Southeast Asia: Geological Society Special Publication No. 126, p. 11-23.

Hamilton, Warren, 1974. Map of Sedimentary Basins of the Indonesian Region: USGS MAP 1-875-B.

Haposan N, Mitterer Richard M, and Morelos-Garcia J A. 1997. Differentiation of oils from the NW Java Basin into three oil types based on biomarker composition // Howes J V C, and Noble R A, eds. Proceedings of an International Conference on Petroleum Systems of SE Asia & Australasia: Indonesian Petroleum Association, p. 667-679.

Harry Doust. 2003. Placing petroleum systems and plays in their basin history context: a means to assist in the identification new opportunities. First break. 21 (3): 73-83.

Hongliu Zeng, Charles Kerans. 2000. Amplitude versus frequency-applications to seismic stratigraphy and reservoir characterization, part I: model. SEG 2000 Expanded Abstracts.

Hongliu Zeng, Milo M Backus. 2005. Optimizing thin-bed interpretation with 90°-phase wavelets. SEG 2005 Annual Meeting.

Hongliu Zeng, Charles Kerans, Jerry Lucia. 2006. 3-D Seismic Detection of Collapsed Paleocave Systems in the Clear Fork/Glorieta Platform, Hobbs Field, New Mexico. SEG 2006 Annual Meeting.

Hongliu Zeng, Charles Kerans, Jerry Lucia. 2000. Amplitude versus frequency-applications to seismic stratigraphy and reservoir characterization, part II: real 3-D data in Abo reservoir, Kingdom field, West Texas. SEG 2000 Expanded Abstracts.

Hongliu Zeng, Charles Kerans. 2003. Seismic frequency control on carbonate seismic stratigraphy: A case study of the Kingdom Abo sequence, west Texa. AAPG Bulletin, 87 (2): 273-293.

Hongliu Zeng, Milo M. Backus, Kenneth T. Barrow and Noel Tyler. 1998a. Stratal slicing, Partl: Realistic 3-D seismic model. Geophysics. 63 (2): 502-513.

Hongliu Zeng, Stephen C, Henry, and John P Riola. 1998b. Stratal slicing, Part2: Realistic 3-D seismic model. Geophysics. 63 (2): 514-522.

Hongliu Zeng, Tucker F Hentz, and Lesli J Wood. 2001. Stratal slicing of Miocene-Pliocene sediments in Vermilion Block 50-Tiger Shoal Area, offshore Louisiana. The Leading Edge.

Hongliu Zeng. 2002. Geomorphology-based, automated seismic facies analysis. SEG Int'l Exposition and 72nd Annual Meeting. Salt Lake City, Utah.

Honza E. 1993. Spreading mode of backarc basins in the western Pacific. Tectonophysics 251, 139-152.

Hynes A, and Motti J. 1985. On the cause of back-arc spreading. Geology, 13: 387-389.

Jarrige J -J, et al. 1989. Tectonic setting of Western Pacific marginal basins. Tectonophysics 160, 23-47.

Karig D E. 1971. Origin and development of margin basin in the western Pacific. Jour. Geophy, Res., 76: 2542-2561.

Kolla V, Ph Bourges J M Urruty and P Sala. 2001. Evolution of deep-water Tertiary sinuous channels offshore Angola (west Africa) and implications for reservoir architecture. AAPG Bulletin., 85 (8): 1373-1405.

Mallick. 1993. A simple approximation to the P-wave reflection coefficient and its implication in the inversion of amplitude variation with offset data. Geophysics, 58: 544-552.

Nur A. 1998. Critical porosity: a key to relating physical properties to porosity in rocks. The Leading Edge, 17 (3): 357-362.

Patrick C. 1999. Elastic Impedances. The Leading Edge, 18 (4): 438-452.

Pedersen S I, Randen T, Sonneland L et al. 2002. Automatic 3D fault interpretation by artificial ants. In Extended Abstracts of EAGE Annual Meeting, G037.

Posamentier H W. 2002. Ancient shelf ridges-a potentially significant component of the transgressive systems tract: Case study from offshore northwest Java. AAPG Bulletin. 86 (1): 75-106.

Rashid Harmen, Sosrowidjojo I B, Wildiarto F X. 1998. Musi platform and Palembang high: a new look at the petroleum system. IPA98-1-107, 265-276.

Shanley K W et al. 1994. Perspective on the sequence stratigraphy of continental strata. AAPG Bulletin. 74 (4): 544-568.

Shuey R T. 1985. A simplification of the Zoeppritz equations. Geophysics, 50 (2): 609-614.

Sloss L L. 1963. Sequence in the cratonic interior of North America. GSA Bulletin., 74: 93-113.

Suseno P H, Zakaria, Mujahidin Nizar, et al. 1992. Contribution of Lahat Formation as ydrocarbon source rock in south Palembang area, South Sumatra, Indonesia. IPA92-13. 03,: 325-337.

Tarazona Carlos, Miharwatiman J S, Anita Aisyah, et al. 2000. Redevelopment of Puyuh oil field (South Sumatra）：a seismic success story. IPA99-G-125, 65-81.

Theodoros Klimentos. 1995. Attenuation of P-and S-waves as a method of distinguishing gas and condensate from oil and water. Geophysics, 2：447-458.

Trinh Xuan Cuong, J K Warren. 2009. Bach ho field, a fractured granitic basement reservoir, cuu long basin, offshore SE Vietnam：a buried-hill play. Journal of Petroleum Geology , Vol. 32 （2）, 129-156.

Van Wagoner, J C et al. 1990. Siliciclastic sequence stratigraphy in well logs, cores and outcrops：concepts for high-resolution correlation of time and facies. AAPG Methods in Exploration Series 7.

Wilgus C K et al. 1988. Sea-level changes：an integrated approach. SEPM SpecialPublication 42.

Wyllie M R J, Gregory A R, Gardner L W. 1956. Elastic wave velocities in the heterogeneous and porous media. Geophysics, 21：41-70.

Xue Liangqing and Galloway W E. 1993. Genetic sequence stratigraphic framework, depositional style, and hydrocarbon occurrence of the Upper Cretaceous QYN formations in the Songliao lacustrine basin, northeastern China. AAPG Bulletin. 77 （10）：1792-1808.

Xue Liangqing and Galloway W E. 1993. Genetic sequence stratigraphic framework, depositional style, and hydrocarbon occurrence of the Upper Cretaceous QYN formations in the Songliao lacustrine basin, norheastern China. AAPG Bulletin. 77 （10）：1792-1808.

Zeng Hongliu, Stephen C Henry, John P Riola. 1998. Stratal slicing, part II：Real 3-D seismic data. Geopgysics, 63 （2）：514-522.

Zeng Hongliu, Hentz T F. 2004. High-frequency sequence stratigraphy from seismic sedimentology：Applied to Miocene , Vermilion Block 50, Tiger Shoal area, Offshore Louisiana. AAPG Bulletin, 88 （2）：153-174.

Zeng Hongliu, Stephen C Henry, John P Riola. 1998. Stratal slicing, part I：Real 3-D seismic data. Geopgysics, 63 （2）：502-513.

Zeng Hongliu. 2004. Seismic geomorphology-based facies classification. The Leading Edge, 7：644-645.